全教科書対応

数と計算 1ねん

べんきょうした 日　　月　　日

① どちらが おおい(1)

きほんのワーク

こたえ 1ページ

やってみよう

☆ どちらが おおいかな。うえの えと したの えを •—• で むすんで くらべましょう。

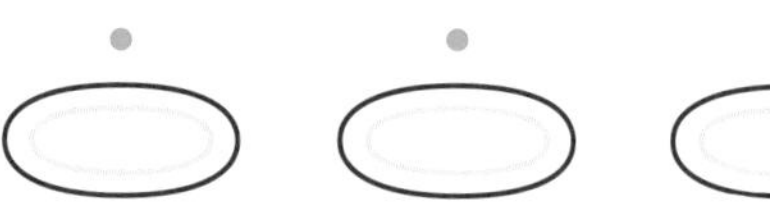 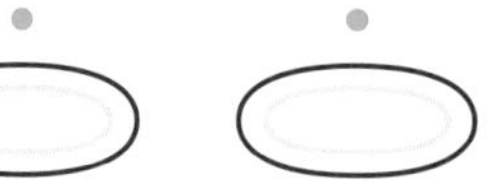 

たいせつ
せんで むすんで あまった ほうが おおいです。

1 えんぴつと キャップ(きゃっぷ)を •—• で むすんで おおい ほうに ○を つけましょう。

 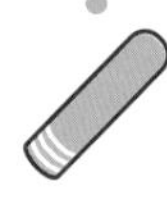 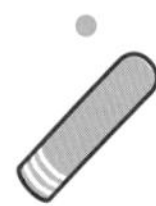  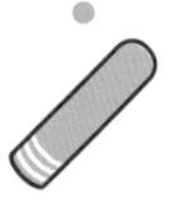 

2 どちらが おおいかな。おおい ほうを ⬭ で かこみましょう。

❶     

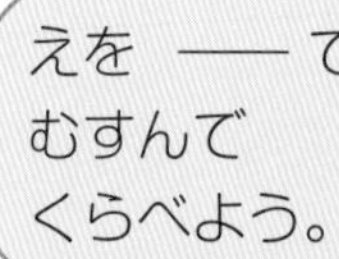

❷   

おうちのかたへ　１対１対応をさせながら，２つの数を比べます。１つずつ線で結んで直接比べていきましょう。その結果，余った方が，数が大きいことになります。

② どちらが おおい(2)

きほんのワーク

こたえ 1ページ

☆ どちらが おおいかな。えと おなじ かずだけ ◯に いろを ぬって くらべましょう。

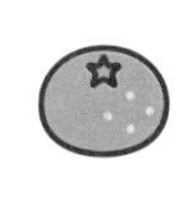

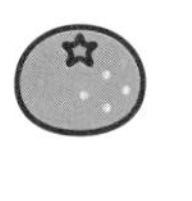

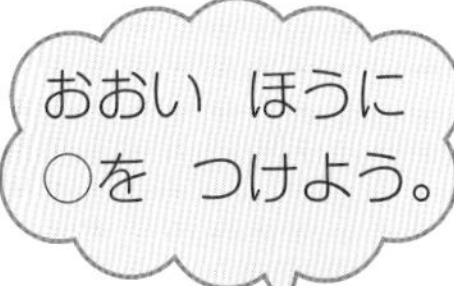

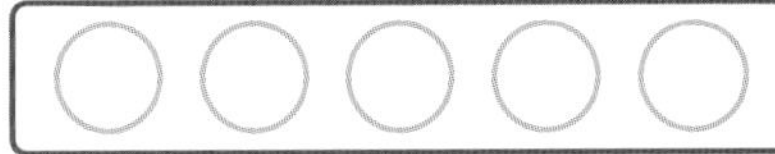

たいせつ
◯に いろを ぬって くらべると おおい ほうが よく わかります。

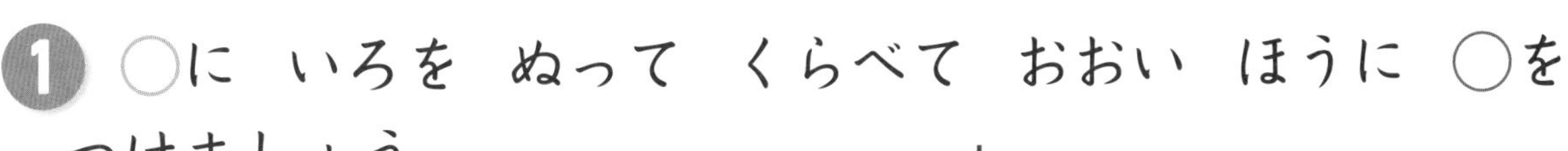

1 ◯に いろを ぬって くらべて おおい ほうに ◯を つけましょう。

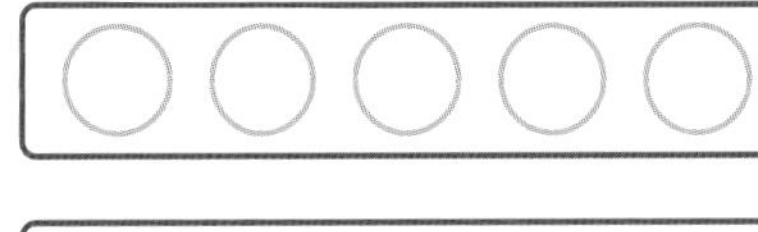

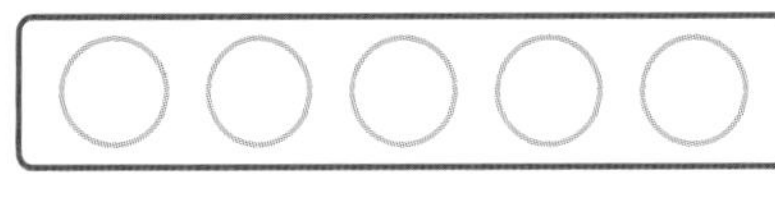

おおい ほうに ◯を つけよう。

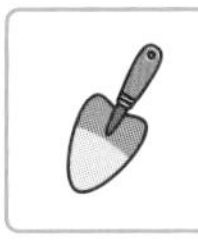

2 いぬと ねこでは どちらが おおいでしょう。

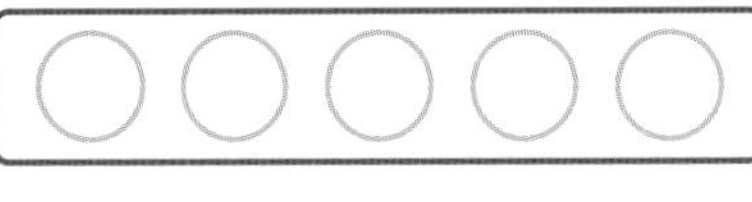

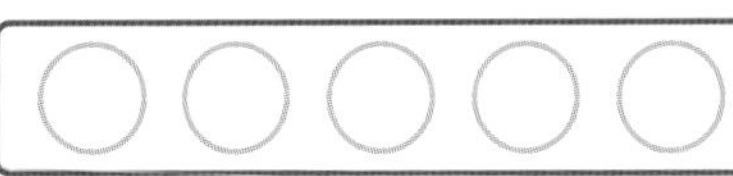

おおいのは（　　　　）

おうちのかたへ　混在している２つの数を比べるときには，線などで結ぶ直接比較ができないので，●の数に置き換えて比べるとわかりやすいことを学びます。

どちらが おおい

べんきょうした 日 　月　日

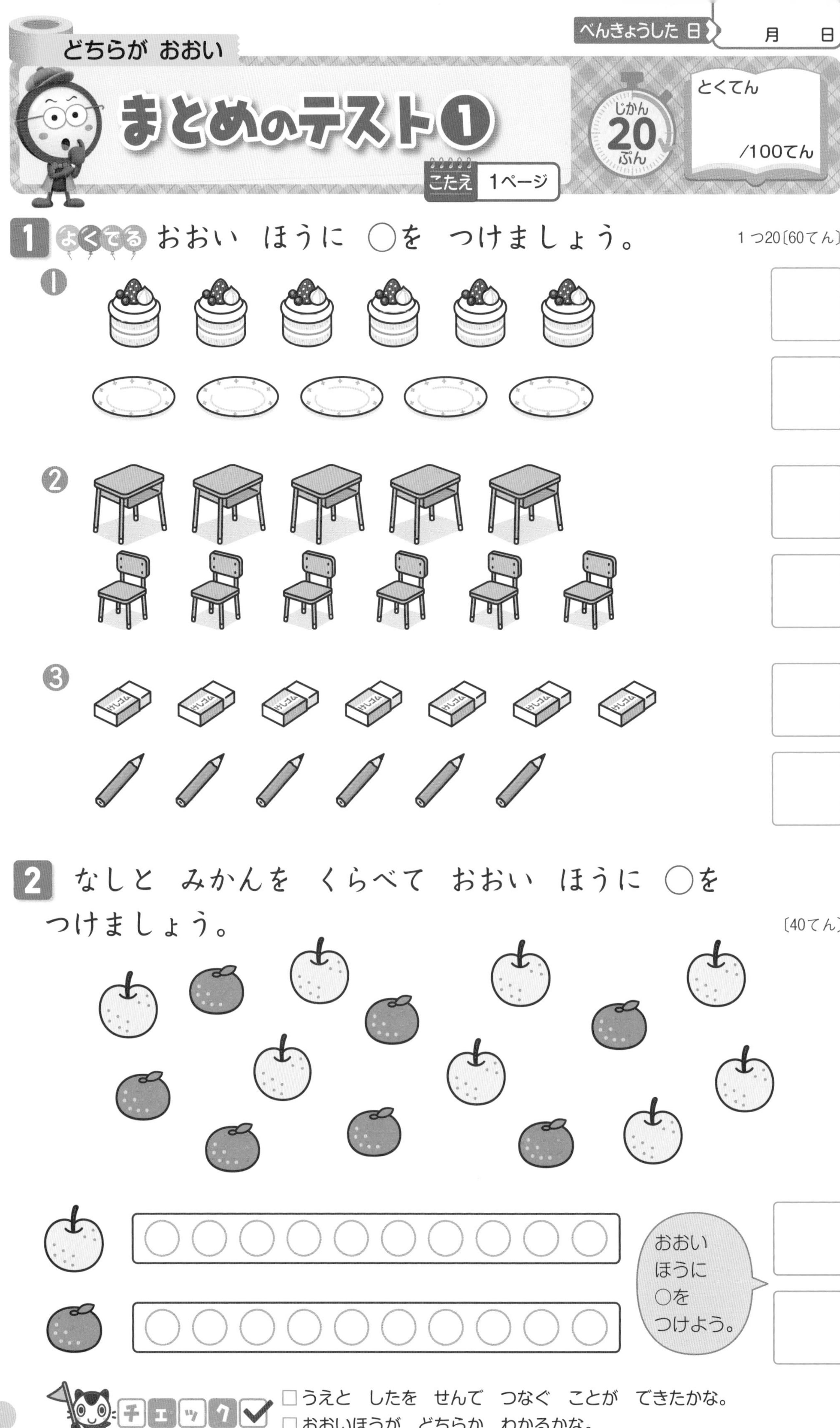

まとめのテスト①

じかん 20ぷん

とくてん 　/100てん

こたえ 1ページ

1 よくでる おおい ほうに ◯を つけましょう。 1つ20〔60てん〕

❶

❷

❸

2 なしと みかんを くらべて おおい ほうに ◯を つけましょう。 〔40てん〕

チェック

□うえと したを せんで つなぐ ことが できたかな。

□おおいほうが どちらか わかるかな。

じかん 20 ぷん

とくてん　/100てん

こたえ 1ページ

1 えを　みて　おおい　ほうに　◯を　つけましょう。　1つ25〔50てん〕

①

②

2 えを　みて　おおい　ほうに　◯を　つけましょう。　1つ25〔50てん〕

①

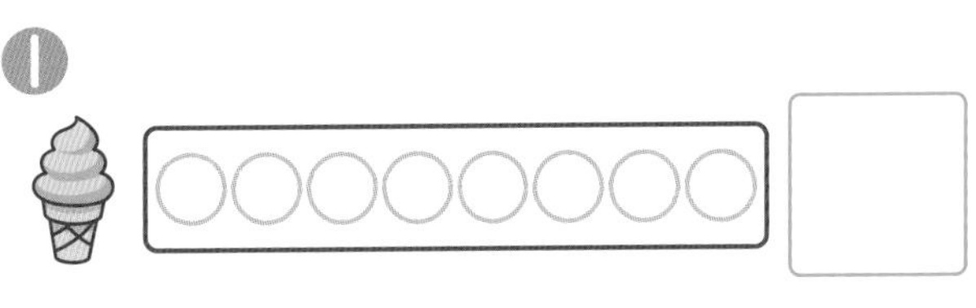

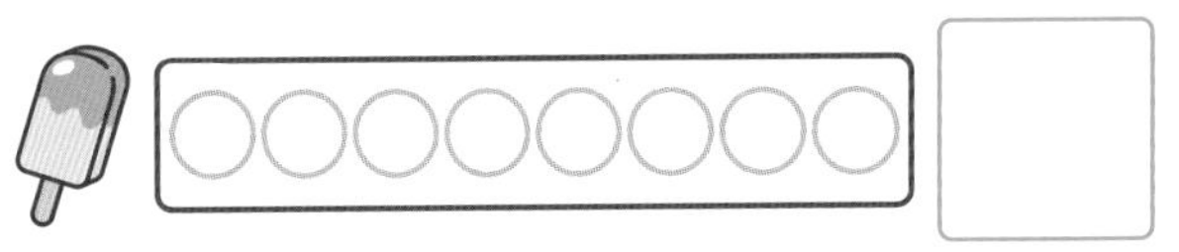

②

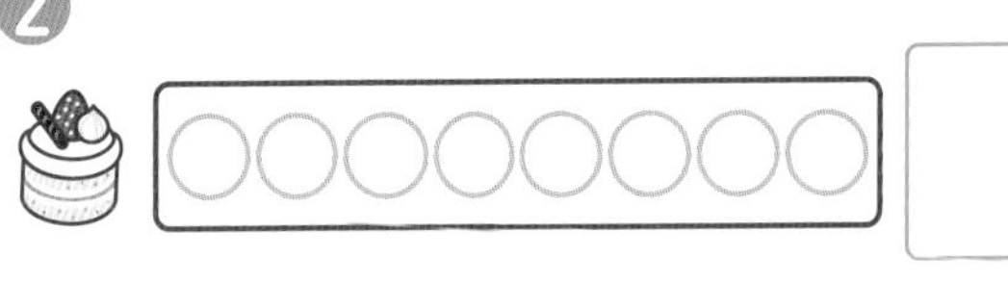

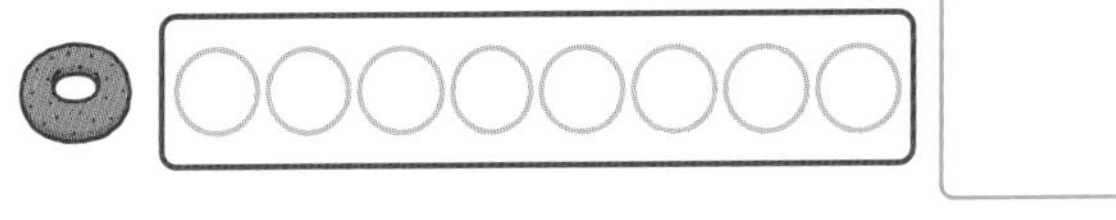

□2つを　えらんで　くらべる　ことが　できたかな。
□おおいほうが　どちらか　わかるかな。

べんきょうした 日　　月　　日

① 5までの かず
きほんのワーク

こたえ 1ページ

やってみよう

☆ □の なかの かずだけ ○に いろを ぬりましょう。

❶ 1 ○○○○○　❷ 2 ○○○○○

❸ 3 ○○○○○　❹ 4 ○○○○○

❺ 5 ○○○○○

たいせつ
1「いち」 2「に」 3「さん」
4「し(よん)」 5「ご」 と よみます。

1 □の なかの すうじと おなじ すうじを かきましょう。

1	1			

2	2			

3	3			

4	4			

5	5			

かきじゅんを
しっかり
おぼえよう！

2 かずを かぞえて すうじで かきましょう。

❶

❷

❸

❹

❺

おうちのかたへ
1から5までの数を数えること，また数を「数字」で表すことを学びます。
4や5については，書き順にも注意しましょう。

② 10までの かず
きほんのワーク

こたえ 1ページ

やってみよう

☆ □の なかの かずだけ ○に いろを ぬりましょう。

❶ 6 ○○○○○○○○○○
❷ 7 ○○○○○○○○○○
❸ 8 ○○○○○○○○○○
❹ 9 ○○○○○○○○○○
❺ 10 ○○○○○○○○○○

たいせつ
6「ろく」 7「しち(なな)」 8「はち」
9「く(きゅう)」 10「じゅう」 と よみます。

1 □の なかの すうじと おなじ すうじを かきましょう。

6	6			
7	7			
8	8			
9	9			
10	10			

2 かずを かぞえて すうじで かきましょう。

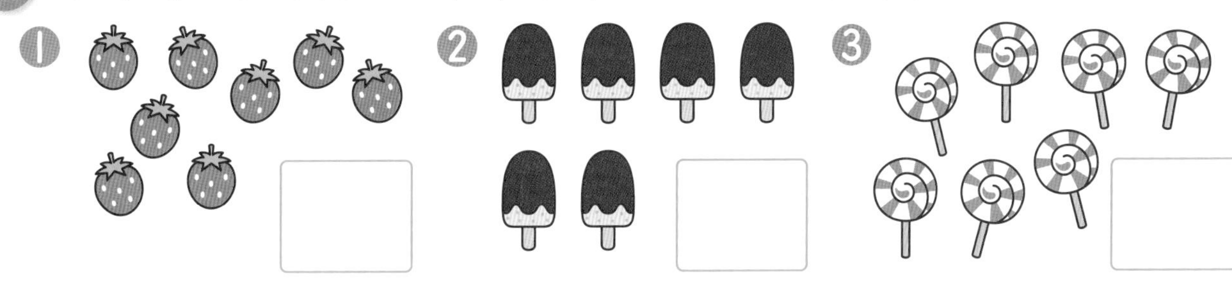

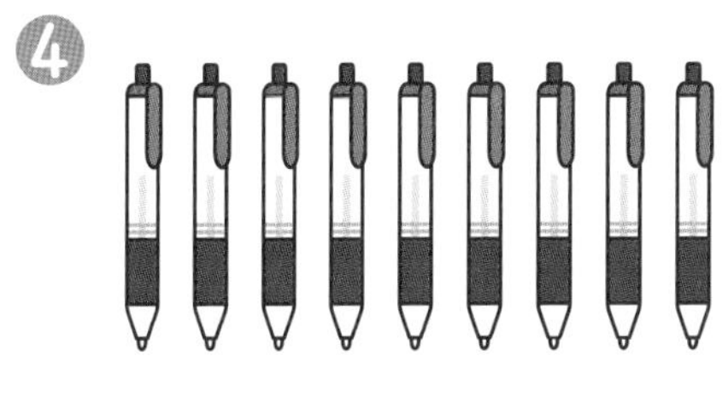

❺

おうちのかたへ
6から10までの数を数えること，また数を「数字」で表すことを学びます。
7，8，9，10の書き順をしっかりおさえましょう。

③ どちらが おおい(1)

きほんのワーク

こたえ 1ページ

やってみよう

☆ おおい ほうの □に ○を つけましょう。

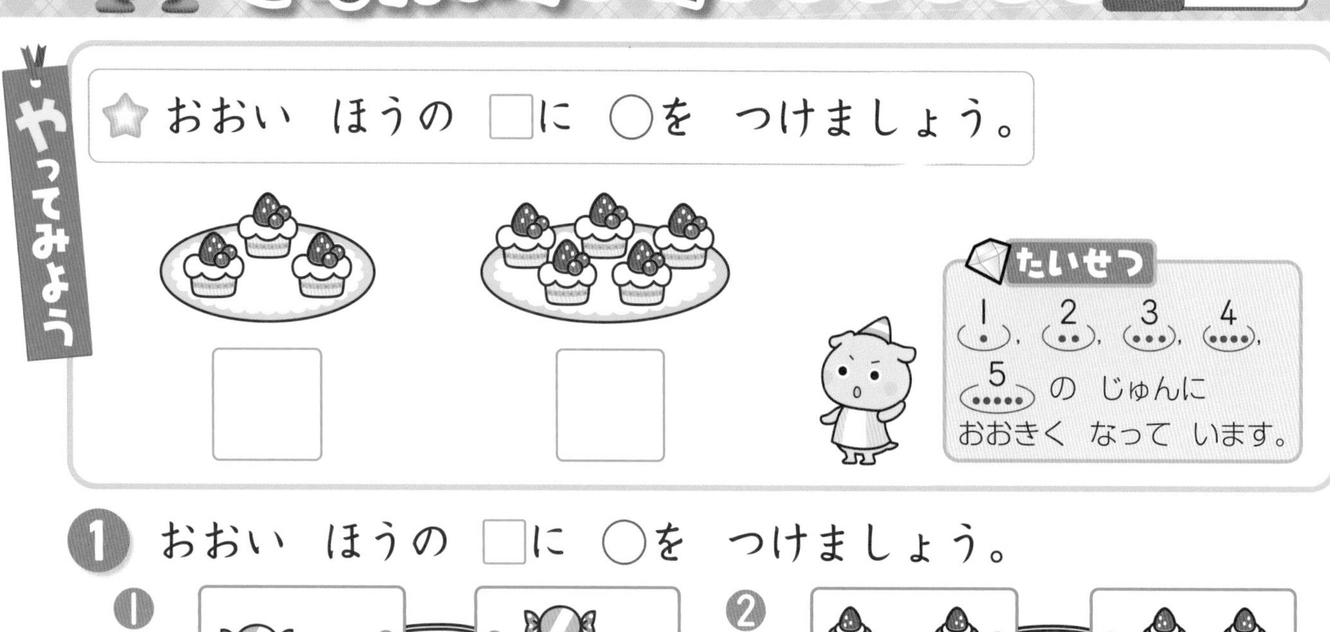

1 おおい ほうの □に ○を つけましょう。

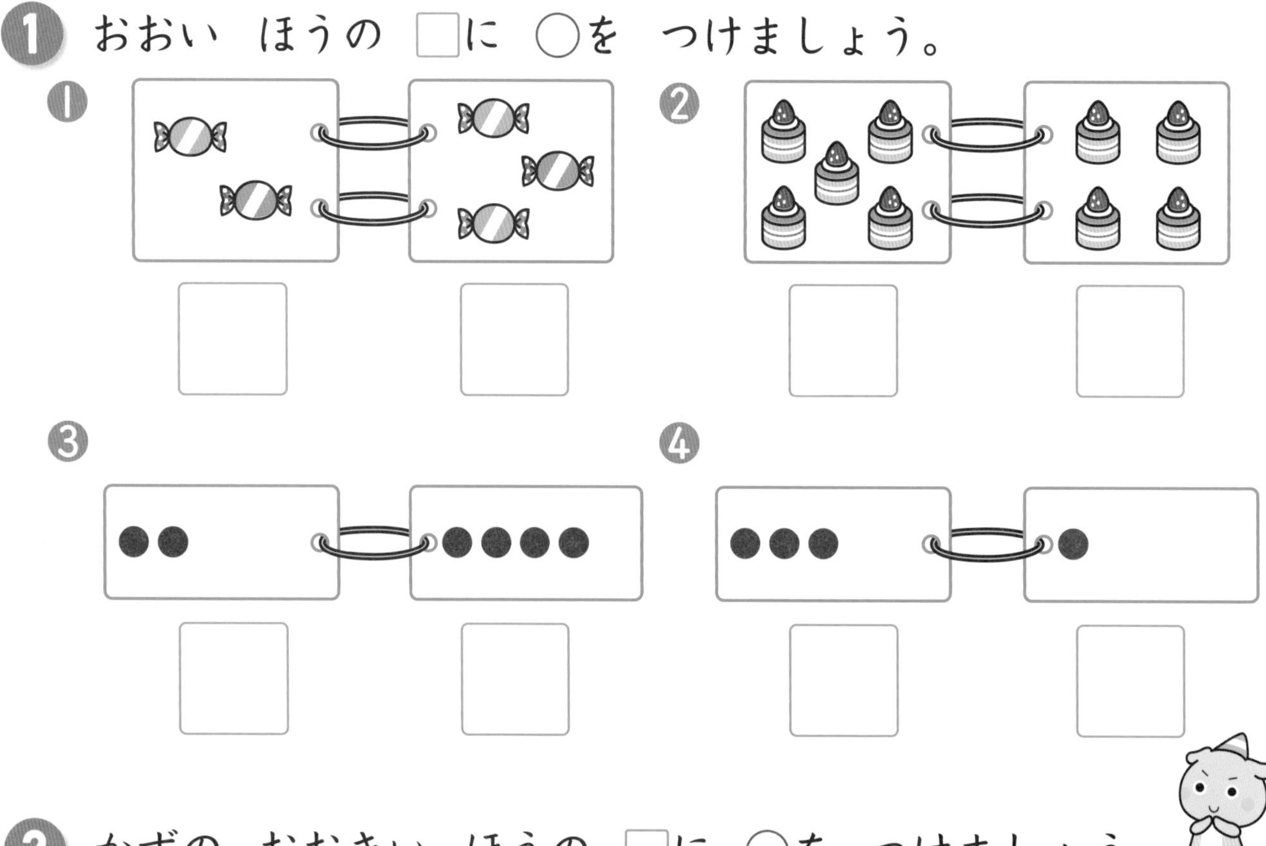

2 かずの おおきい ほうの □に ○を つけましょう。

おうちのかたへ　1から5までの2つの具体的な物や数を比べます。数字が量を表すことを理解し，数の大小を学びます。

④ どちらが おおい (2)

きほんのワーク

こたえ 2ページ

☆ おおい ほうの □に ○を つけましょう。

1 おおい ほうの □に ○を つけましょう。

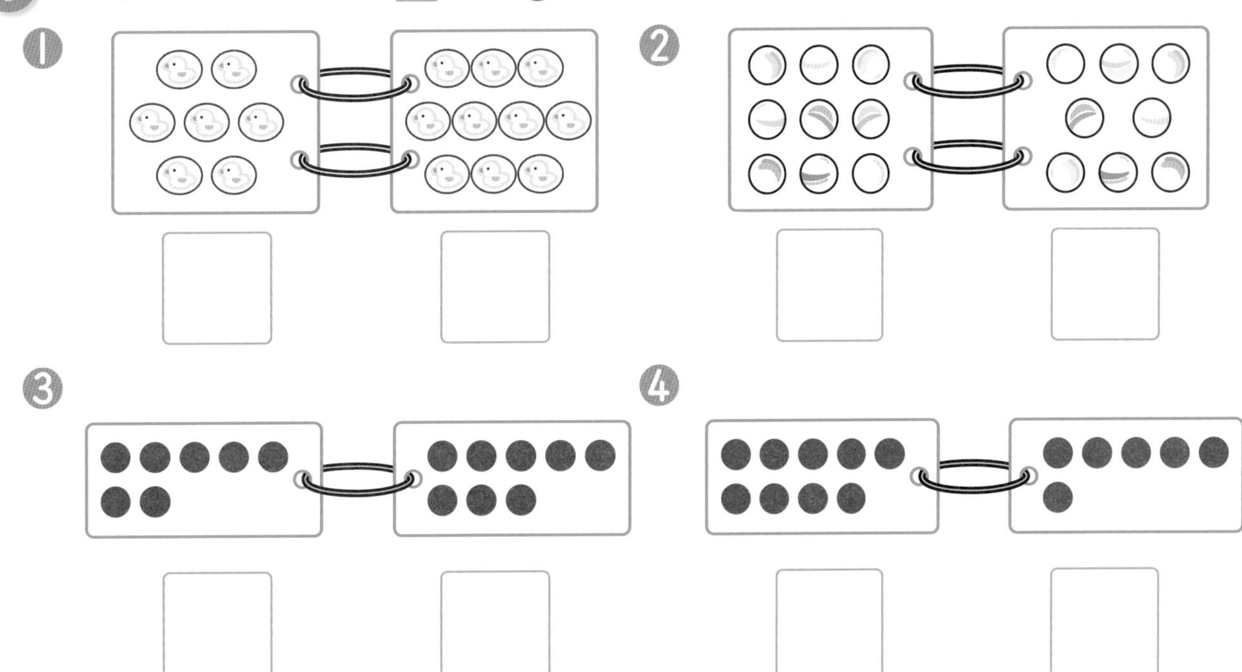

2 かずの おおきい ほうの □に ○を つけましょう。

おうちのかたへ 6から10までの2つの具体的な物や数を比べて，どちらが多いかを考えます。数字を量感をもってとらえるようになってきます。

べんきょうした 日　月　日

⑤ かずの ならびかた
きほんのワーク

こたえ 2ページ

やってみよう

☆ □に かずを かきましょう。

キツネ（きつね）の くるま □　キリン（きりん）の くるま □

たいせつ
かずは 1, 2, 3, 4, 5, 6, 7, 8, 9, 10の じゅんです。

1 □に かずを かきましょう。

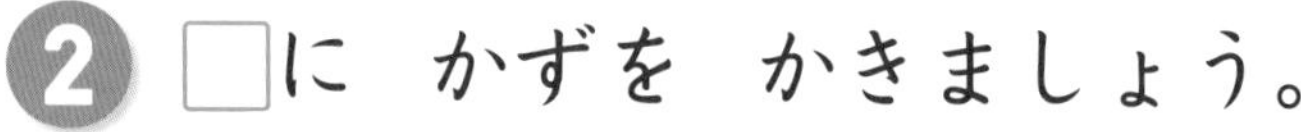
ゾウ（ぞう）の いす…□　ライオン（らいおん）の いす…□

2 □に かずを かきましょう。

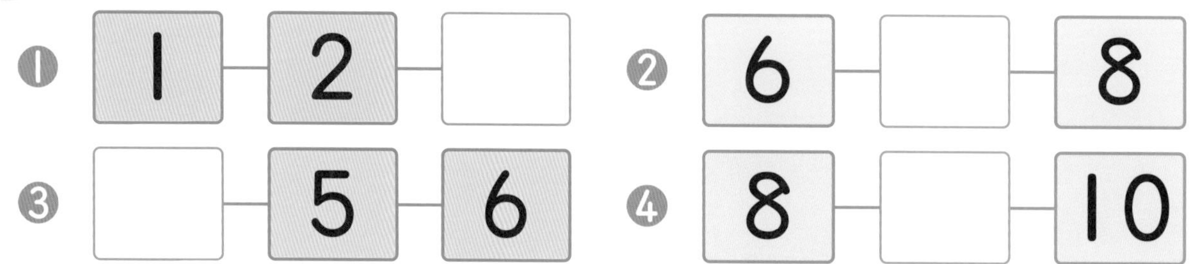

3 1から 10の かずを こえに だして かぞえながら, じゅんに せんで むすびましょう。

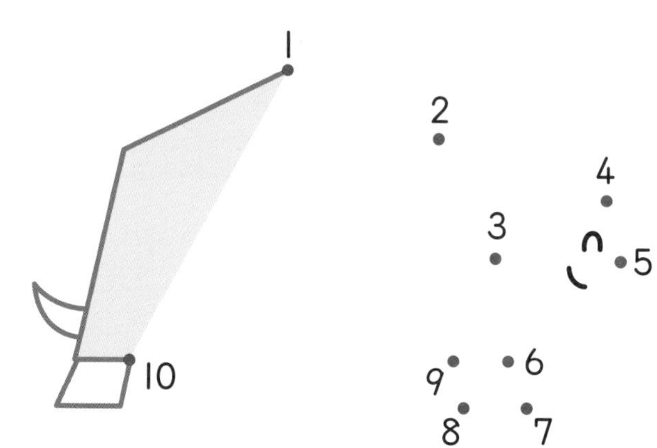

おうちのかたへ　1から10までの数の並び方を覚えます。声に出していうことで，知識が定着しやすい時期です。ご家庭でも，1から10までの数え上げをくり返してみてください。

⑥ 0と いう かず

きほんのワーク

こたえ 2ページ

やってみよう

☆ ケーキ(けえき)の かずを すうじで かきましょう。

□ □ □ 0

たいせつ

なにも ないことを あらわす かずを 0と かき，「れい」と よみます。

1 0の すうじを かきましょう。

2 りんごの かずを すうじで かきましょう。

① 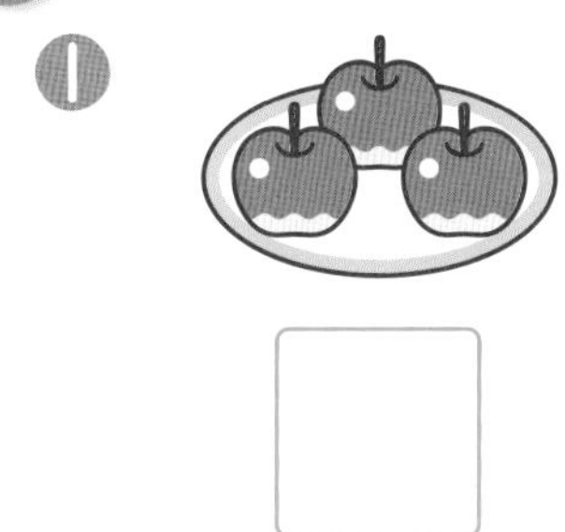

② 

③ 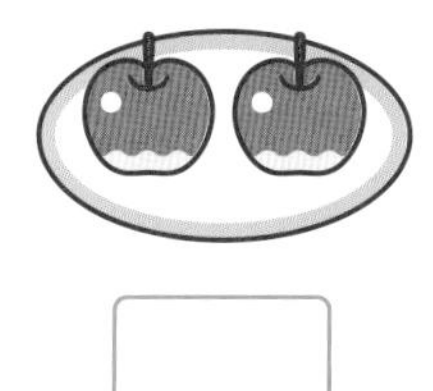

3 カエル(かえる)が 1ぴきずつ とびこみます。のこりの かずを すうじで かきましょう。

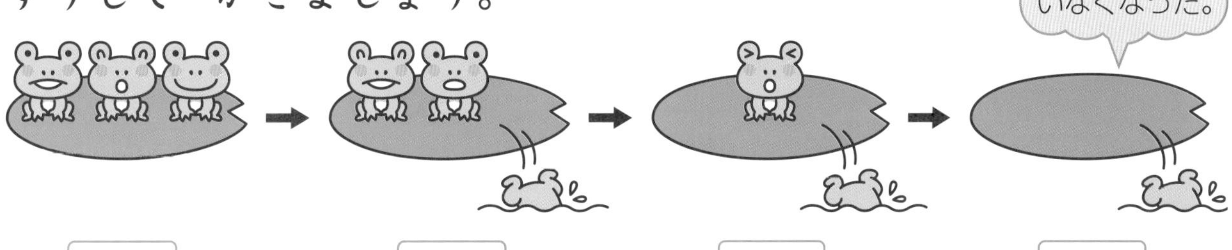

3   

おうちのかたへ　何もないことを表す「0」を学びます。0がイメージしにくい場合は，具体的な物を使って理解できるようにします。❸のように，時間の流れの中で0をとらえてもよいでしょう。

べんきょうした 日　月　日

まとめのテスト①

じかん 20ぷん

とくてん　/100てん

こたえ 2ページ

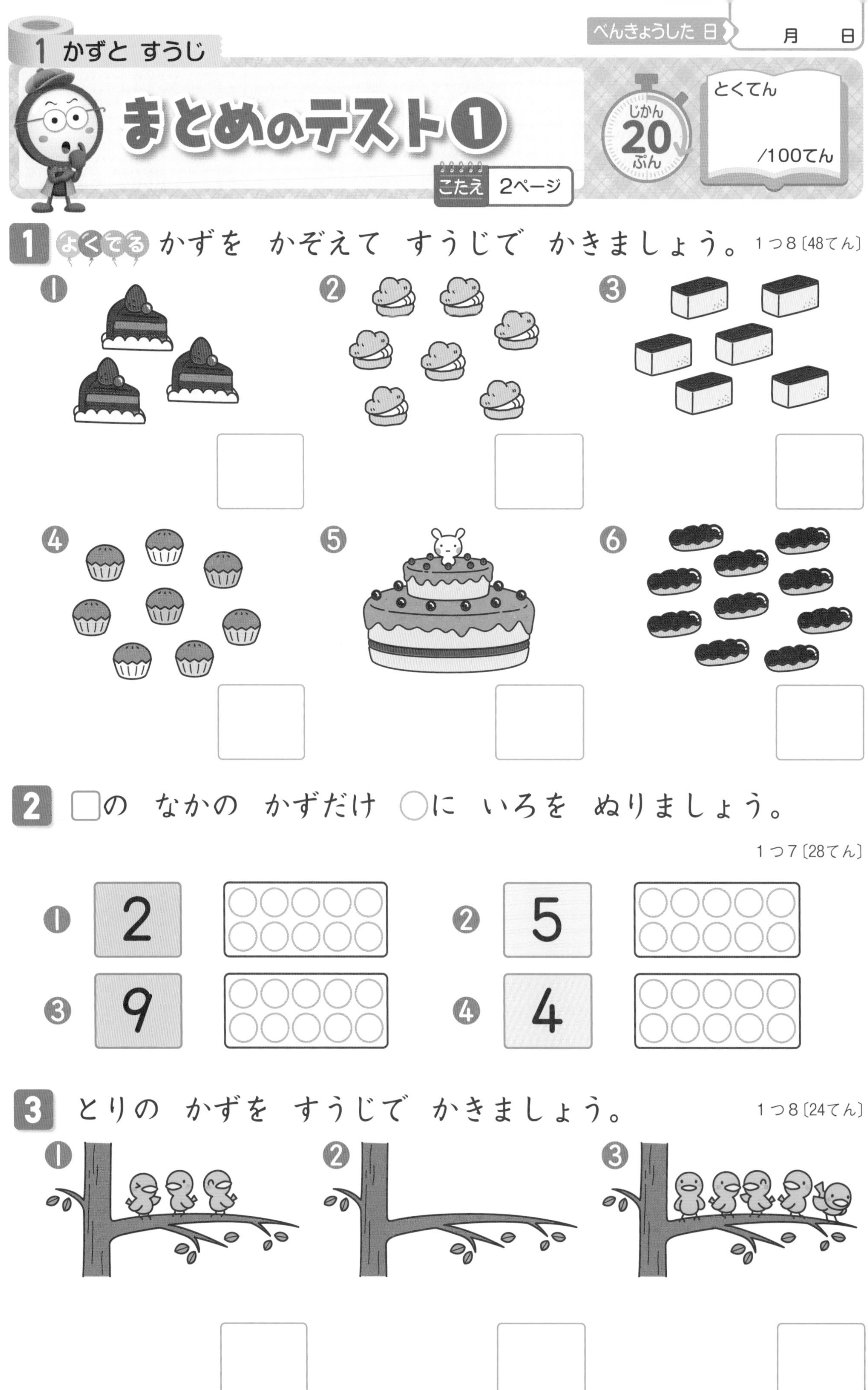

1 よくでる かずを かぞえて すうじで かきましょう。 1つ8〔48てん〕

①　②　③

④　⑤　⑥

2 □の なかの かずだけ ○に いろを ぬりましょう。

1つ7〔28てん〕

① 2　② 5

③ 9　④ 4

3 とりの かずを すうじで かきましょう。 1つ8〔24てん〕

①　②　③

チェック

□かずを　かぞえて　すうじで　かく　ことが　できるかな。

□すうじの　0を　かく　ことが　できたかな。

まとめのテスト②

こたえ 2ページ

とくてん　/100てん

1 かずの　おおきい　ほうの □に ○を　つけましょう。1つ7〔28てん〕

❶

❷

❸

❹

2 □に　かずを　かきましょう。1つ8〔72てん〕

❶

❷

2ずつ　ふえて　いるね。

❸ 0 — □ — 2 — □ — □

❶～❸は
ちいさい　じゅんに
ならんで　いるね。

❹と❺は
おおきい　じゅんに
ならんで　いるよ。

❹ 10 — □ — 8 — 7 — □

❺ 7 — 6 — □ — 4 — 3

□おおきい　ほうの　かずが　わかるかな。
□かずの　ならびかたが　わかるかな。

① なんばんめ(1)

きほんのワーク

こたえ 2ページ

やってみよう

☆いろを　ぬりましょう。

❶ まえから　3にん

❷ まえから　3ばんめ

3にんと　3ばんめは
いみが　ちがうんだね。

ちゅうい

❶は　あつまりを　あらわす　かずの　いいかたです。
❷は　じゅんばんを　あらわす　かずの　いいかたです。

1 いろを　ぬりましょう。

❶ ひだりから　4こ

❷ ひだりから　4ばんめ

2 いろを　ぬりましょう。

❶ まえから　6だいめ

❷ うしろから　4だい

おうちのかたへ　前後，上下，左右などが出てきますが，特に左右は少し難しいようです。日常生活の中でも「右の○○」のように意識的に使い，少しずつ慣れていきましょう。

② なんばんめ (2)

きほんのワーク

☆ なんばんめに いるでしょう。

まえ

うしろ

① ねずみは まえから 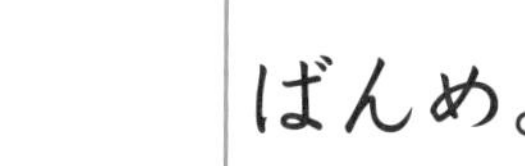 ばんめ。

② さるは うしろから □ ばんめ。

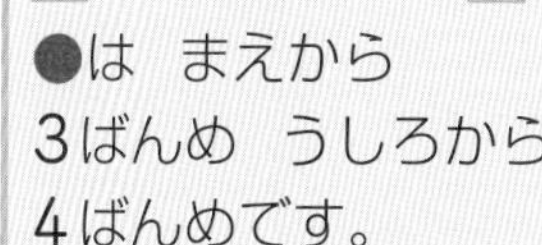

まえ ○○●○○○ うしろ

●は まえから
3ばんめ うしろから
4ばんめです。

1 なんばんめに いるでしょう。

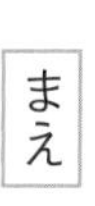

うしろ

けんた まりあ たくと ゆりな そうた みく えりか

① ゆりなさんは まえから □ ばんめです。

② みくさんは うしろから  ばんめ，まえから

 ばんめです。

2 なんばんめに あるでしょう。

みぎ

① メロン（めろん）は ひだりから  ばんめに あります。

② ぶどうは みぎから  ばんめに あります。

おうちのかたへ
「前から３番目」「右から４人目」のように，順番や位置を表す数を「順序数（じゅんじょすう）」といいます。
また「(車が) ３台」「(子どもが) ４人」のような数を「集合数（しゅうごうすう）」といいます。

べんきょうした 日　　月　　日

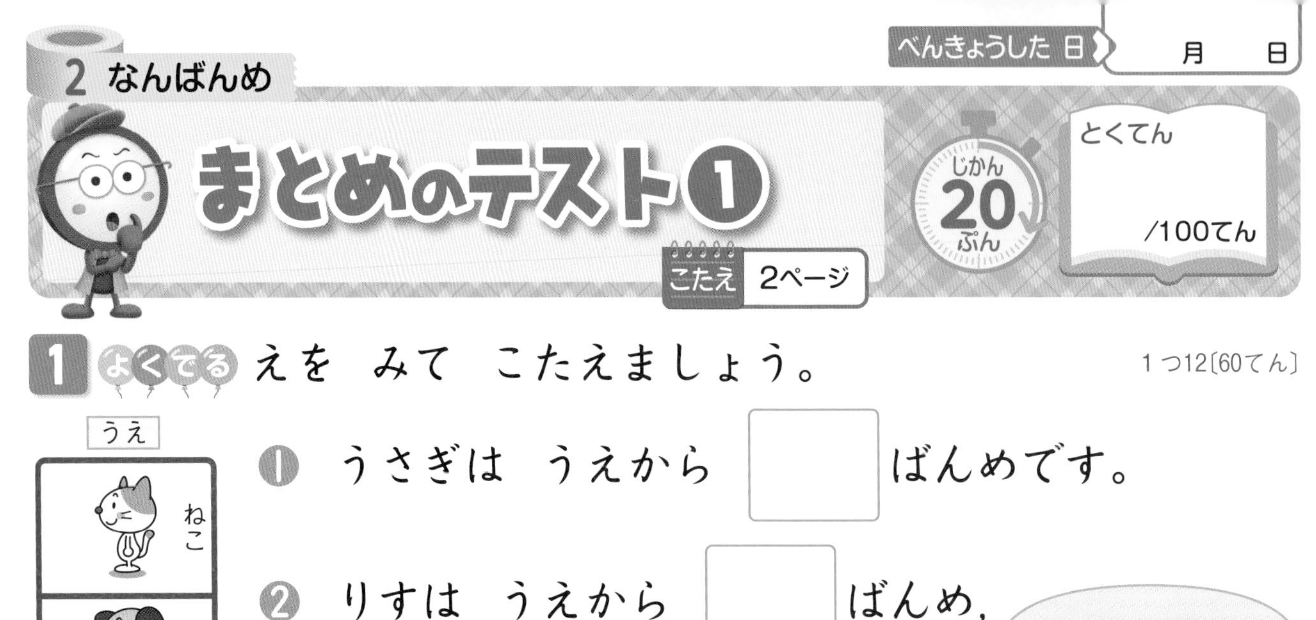

こたえ 2ページ

1 よくでる えを みて こたえましょう。　1つ12〔60てん〕

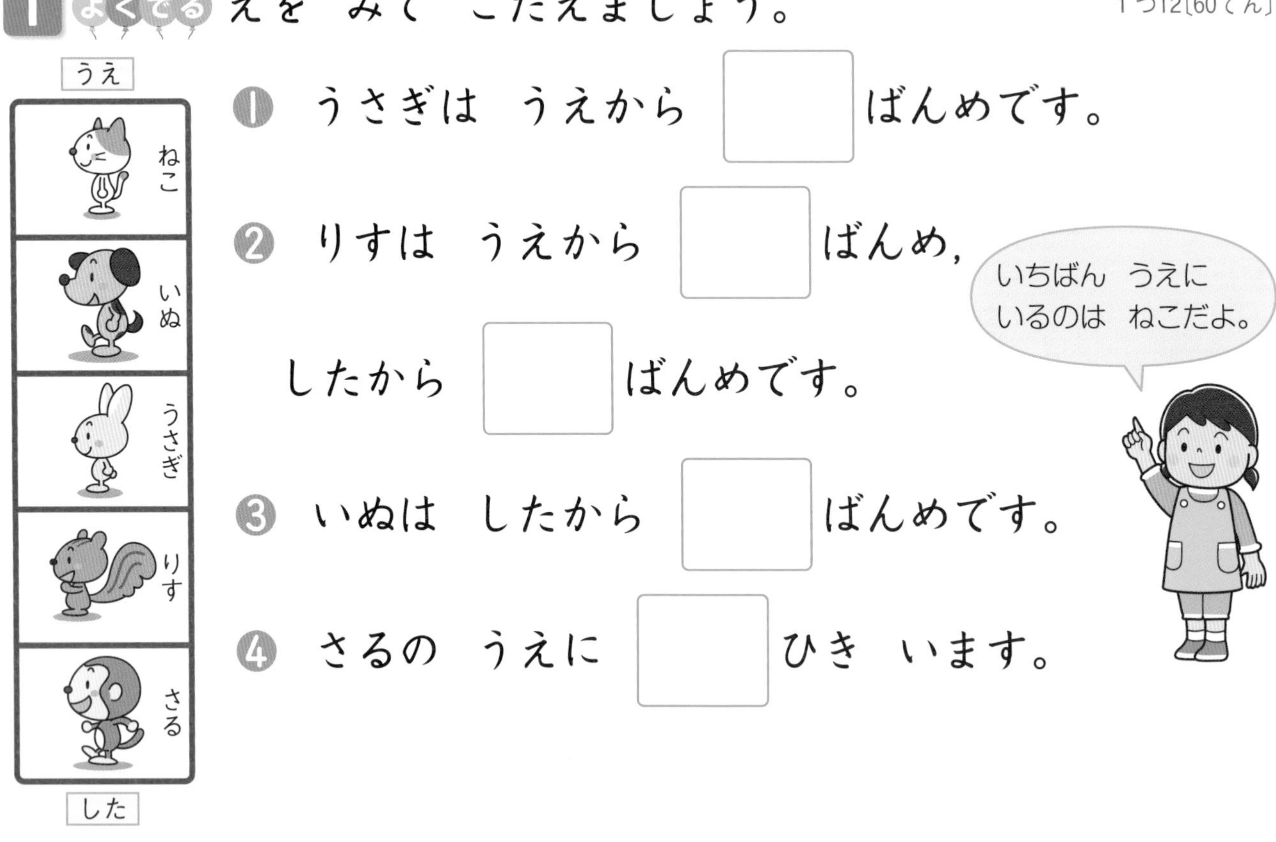

① うさぎは うえから □ ばんめです。

② りすは うえから □ ばんめ、したから □ ばんめです。

③ いぬは したから □ ばんめです。

④ さるの うえに □ ひき います。

2 いろを ぬりましょう。　1つ10〔40てん〕

① ひだりから 7ばんめ

② みぎから 5こ

ひだり　　みぎ

③ まえから 8ばんめ

まえ　　うしろ

④ うしろから 3だい

まえ　　うしろ

チェック
□うえや したから かずを かぞえる ことが できるかな。
□みぎと ひだりの ちがいが わかったかな。

こたえ 3ページ

とくてん　/100てん

1 いろを　ぬりましょう。　1つ10〔50てん〕

① ひだりから　2つめ　ひだり　みぎ

② みぎから　5ばんめ　ひだり　みぎ

③ ひだりから　4つ　ひだり　みぎ

④ みぎから　2つ　ひだり　みぎ

⑤ ひだりから　3つめ　ひだり　みぎ

2 よくでる いろの　ついた　ところは　ひだりから　なんばんめでしょう。　1つ10〔50てん〕

① ひだり　みぎ　□ばんめ

② ひだり　みぎ　□ばんめ

③ ひだり　みぎ　□ばんめ

④ ひだり　みぎ　□ばんめ

⑤ ひだり　みぎ　□ばんめ

チェック

- □みぎと　ひだりの　ちがいが　わかるかな。
- □2つと　2つめの　ちがいが　わかったかな。

べんきょうした 日　月　日

① 3, 4, 5の いくつと いくつ

きほんのワーク

こたえ 3ページ

やってみよう

☆ 3は いくつと いくつでしょう。

❶ 3は 1と 2

❷ 3は 2と □

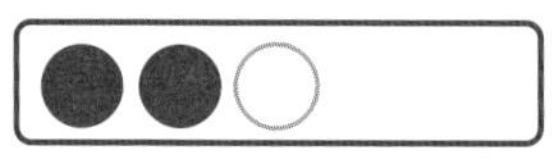

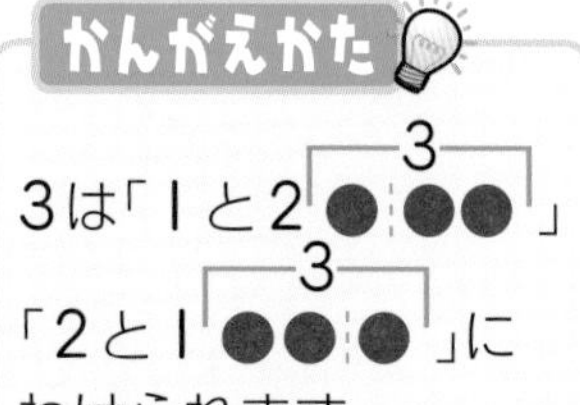
かんがえかた
3は「1と2」「2と1」にわけられます。

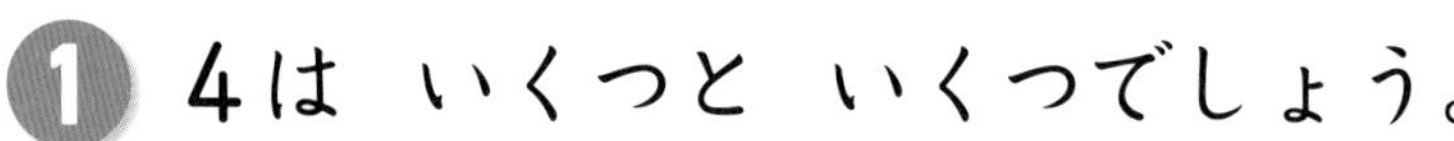

1 4は いくつと いくつでしょう。

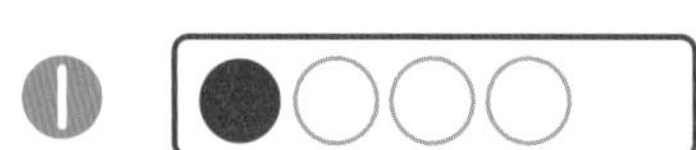
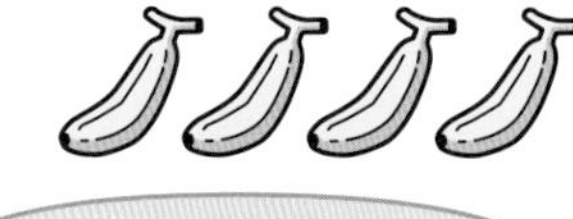

❶ 4は 1 と □

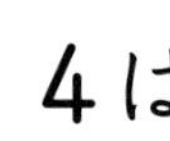
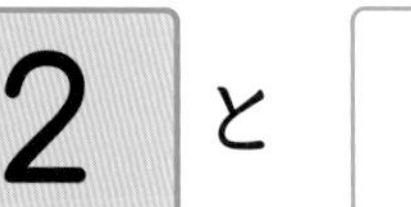

❷ 4は 2 と □

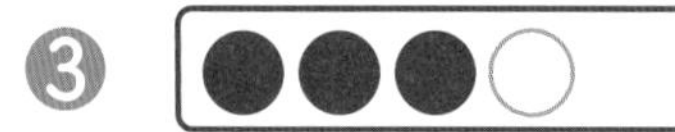

❸ 4は 3 と □

2 5は いくつと いくつでしょう。

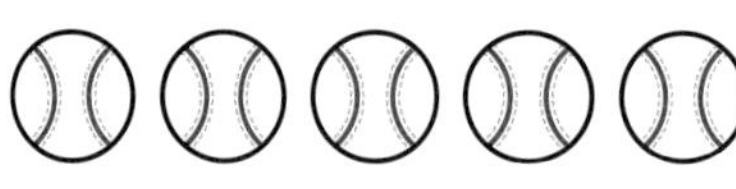

❶ 5は 1 と □

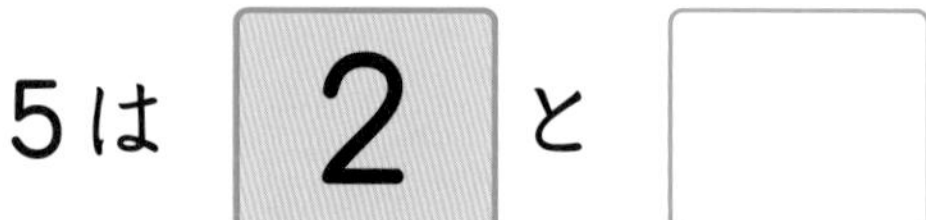

❷ 5は 2 と □

❸ 5は 3 と □

❹ 5は 4 と □

おうちのかたへ
「3は 1と2」「4は 3と1」「5は 2と3」のように3, 4, 5の数を分解して考える方法を学びます。数に親しみ，数を多面的にとらえることが目標です。

② 6, 7の いくつと いくつ
きほんのワーク

やってみよう

☆6は　いくつと　いくつでしょう。

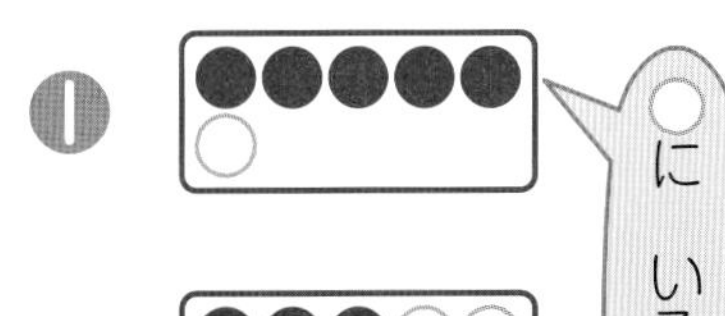

❶ 6は　5と □

❷ 6は　3と □

❸ 6は　2と □

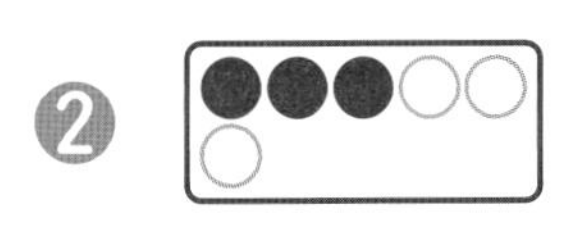

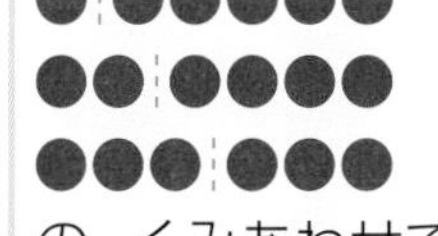

●●●●●● ●●●●●● ●●●●●● の　くみあわせで　6に　なります。

1 7は　いくつと　いくつでしょう。

❶ 7は 3 と □　❷ 7は 5 と □

❸ 7は 1 と □　❹ 7は 4 と □

2 しかくの　かずを　あわせると　やねの　かずに　なるように　しましょう。

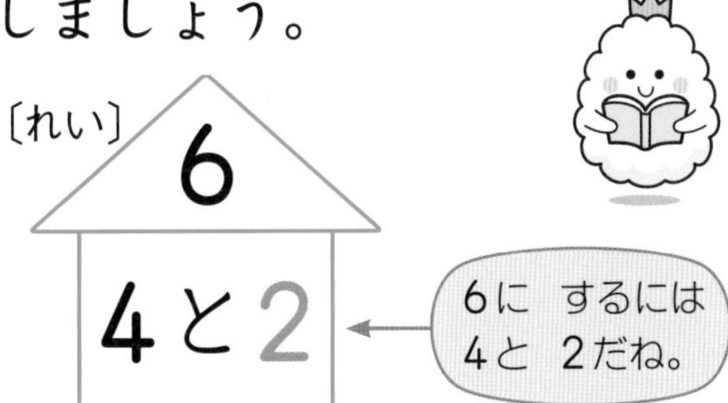

❶ 7　2と □

❷ 6　1と □

❸ 7　□と6

❹ 6　2と □

❺ 7　3と □

❻ 6　□と3

おうちのかたへ　6, 7の数を分解することを考えます。6には1と5, 2と4, 3と3のような組み合わせがあることを学びます。お子さんに問題をつくらせてみてもよいでしょう。

べんきょうした 日　　月　　日

③ 8，9の いくつと いくつ

きほんのワーク

こたえ 3ページ

やってみよう

☆8は　いくつと　いくつでしょう。

❶ ●●●●●●○○　8は [6] と [　]

❷ ●●●●○○○○　8は [4] と [　]

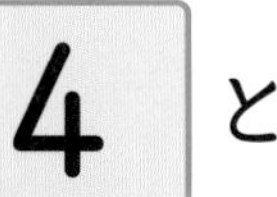

❸ ●●●○○○○○　8は [3] と [　]

かんがえかた
●|●●●●●●●　1と7
●●|●●●●●●　2と6
●●●|●●●●●　3と5
●●●●|●●●●　4と4
の　くみあわせで
8に　なります。

1 9は　いくつと　いくつでしょう。

❶ 9は [3] と [　]　　❷ 9は [7] と [　]

❸ 9は [5] と [　]　　❹ 9は [6] と [　]

2 しかくの　かずを　あわせると　やねの　かずに　なるように　しましょう。

〔れい〕 8　1と7

8に　するには　1と　7だね。

❶ 9　2と

❷ 8　5と

❸ 9　と8

❹ 8　と7

❺ 9　4と

❻ 8　と3

おうちのかたへ　8と9を分解します。分解の考え方と合成の考え方は表裏の関係になっていて，たし算・ひき算の基礎になります。お子さんなりのイメージでとらえることが大切です。

④ 10の いくつと いくつ

きほんのワーク

こたえ 3ページ

やってみよう

☆ 10は いくつと いくつでしょう。

① 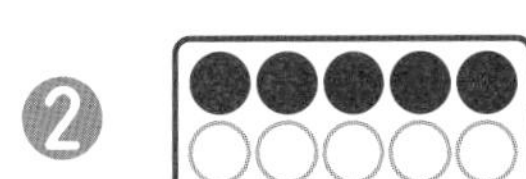 10は 7 と □

② 10は 5 と □

③ 10は 3 と □

たいせつ
10は
「1と9」「2と8」
「3と7」「4と6」
「5と5」「6と4」
「7と3」「8と2」
「9と1」だね。
しっかりと
おぼえよう。

1 □に かずを かきましょう。

① 10は 4と □　　② 10は 2と □

③ □ と 9で 10　　④ □ と 6で 10

2 10りょうの でんしゃが はしって います。
トンネル(とんねる)に はいって いるのは なんりょうでしょう。

① □ りょう

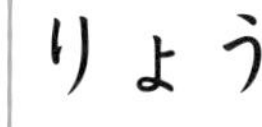

② □ りょう

③ □ りょう

おうちのかたへ　2つの数で10をつくったり，10を2つに分けたりすることは，くり上がりやくり下がりのあるたし算・ひき算につながります。とても重要なので，くり返し練習しましょう。

べんきょうした 日　月　日

まとめのテスト①

じかん 20ぷん　とくてん　/100てん

こたえ 3ページ

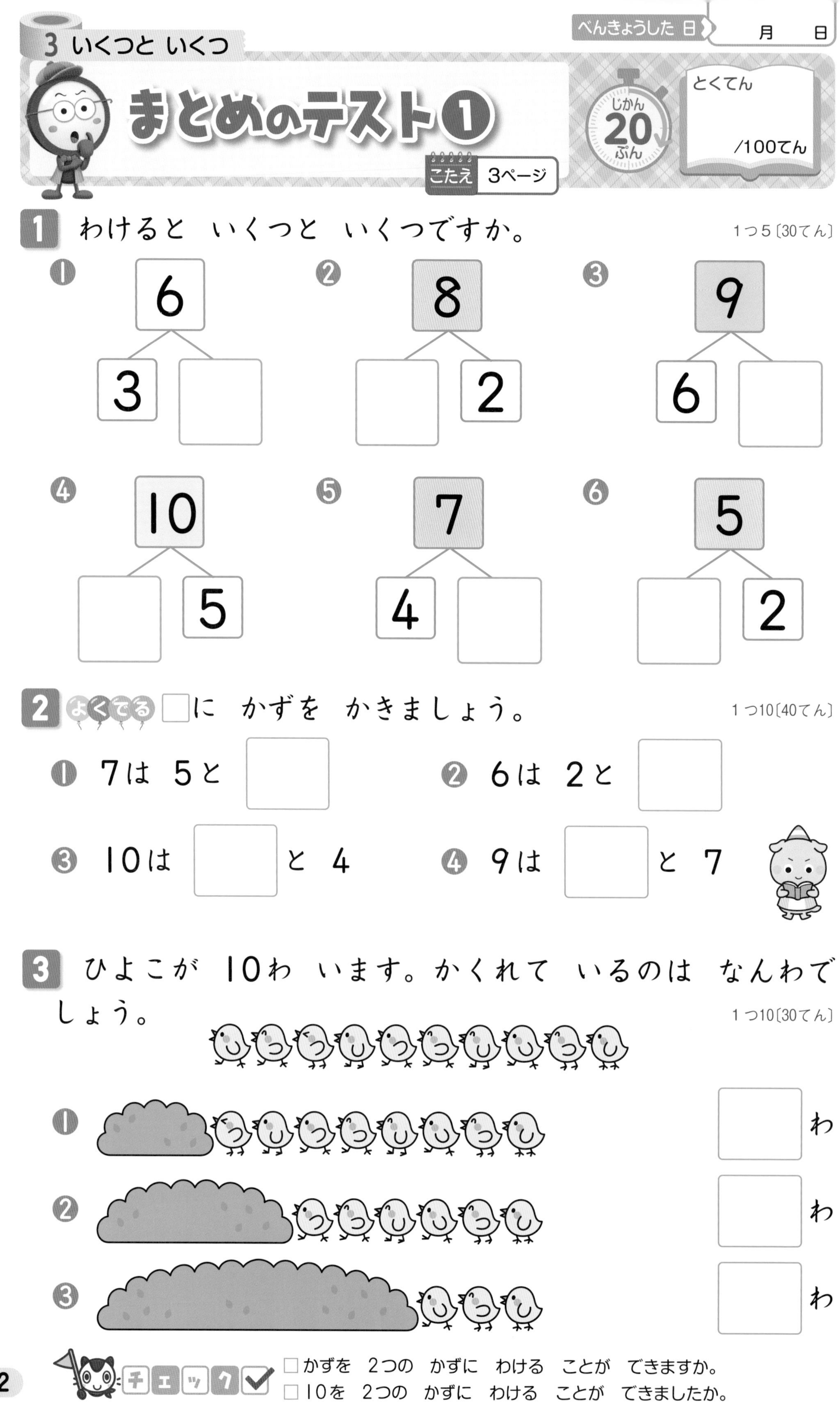

1 わけると いくつと いくつですか。　1つ5〔30てん〕

❶ 6 → 3 と □

❷ 8 → □ と 2

❸ 9 → 6 と □

❹ 10 → □ と 5

❺ 7 → 4 と □

❻ 5 → □ と 2

2 よくでる □に かずを かきましょう。　1つ10〔40てん〕

❶ 7は 5と □

❷ 6は 2と □

❸ 10は □ と 4

❹ 9は □ と 7

3 ひよこが 10わ います。かくれて いるのは なんわでしょう。　1つ10〔30てん〕

❶ □ わ

❷ □ わ

❸ □ わ

チェック✓
□かずを 2つの かずに わける ことが できますか。
□10を 2つの かずに わける ことが できましたか。

まとめのテスト②

じかん 20ぷん　とくてん /100てん

こたえ 3ページ

1 よくでる ずを みて □に かずを かきましょう。 1つ10〔60てん〕

〔れい〕 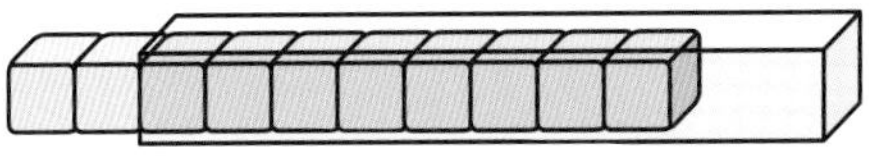 10は 2 と 8

❶ 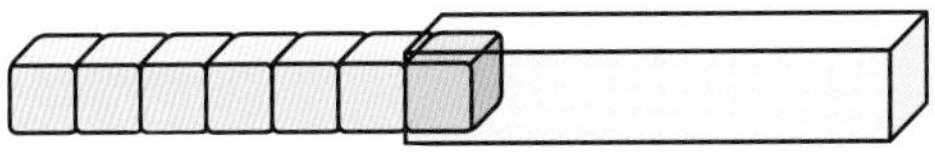 7は □ と □

❷ 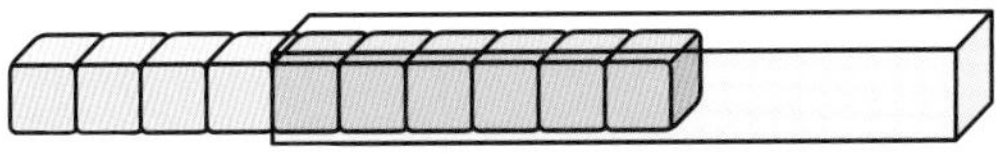 10は □ と □

❸ 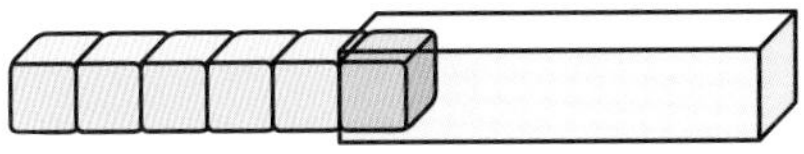 6は □ と □

❹ 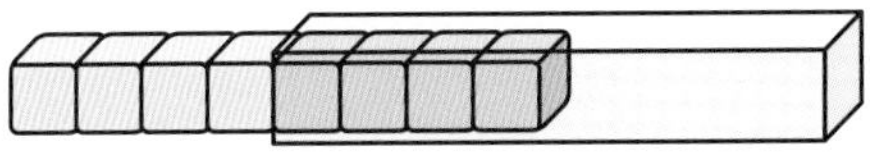 8は □ と □

❺ 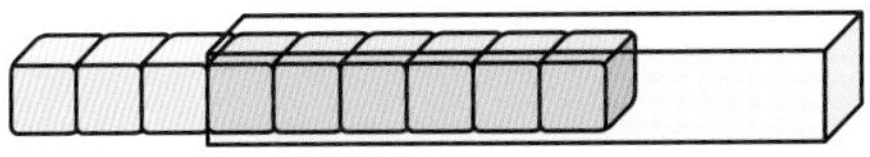 9は □ と □

❻ 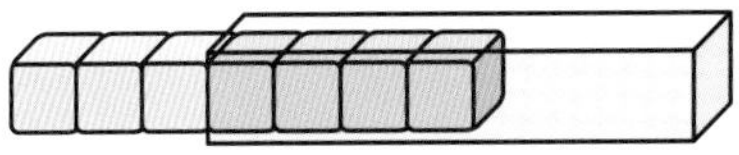 7は □ と □

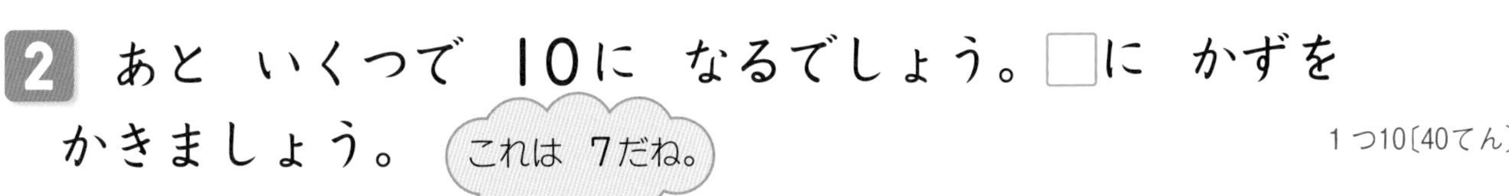

2 あと いくつで 10に なるでしょう。□に かずを かきましょう。 1つ10〔40てん〕

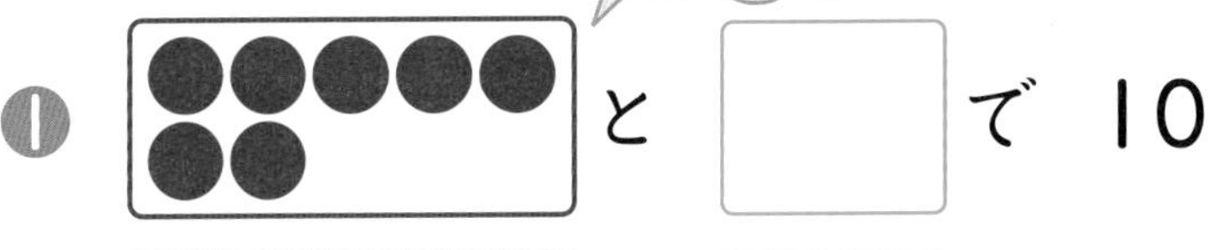

❶ ●●●●●●● と □ で 10

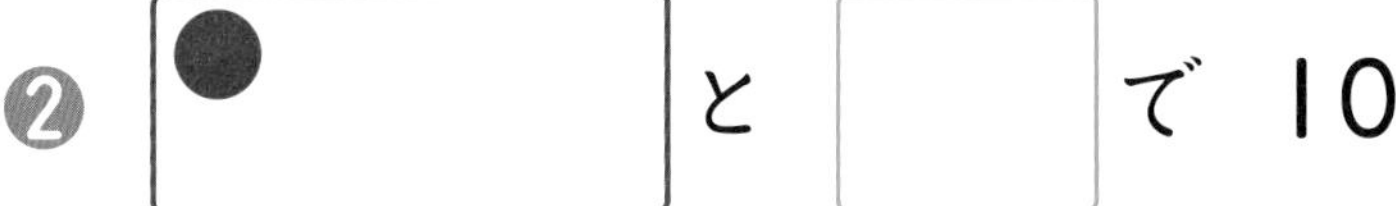

❷ ● と □ で 10

❸ ●●●● と □ で 10

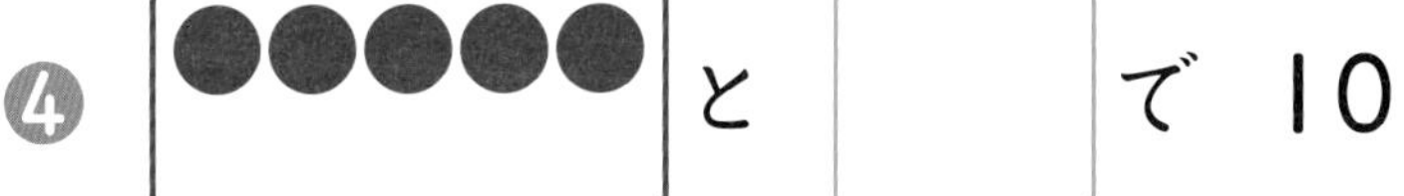

❹ ●●●●● と □ で 10

□ 10を 2つの かずに わける ことが できますか。
□ あと いくつで 10に なるか いえますか。

① あわせて いくつ
きほんのワーク

こたえ 4ページ

やってみよう

☆ あわせて なんこでしょう。たしざんの しきに かきましょう。

たいせつ
2+3のような けいさんを たしざんと いいます。

しき 2 + 3 = 5
2 たす 3 は 5

こたえ □ こ

1 えを みて，たしざんの しきに かきましょう。

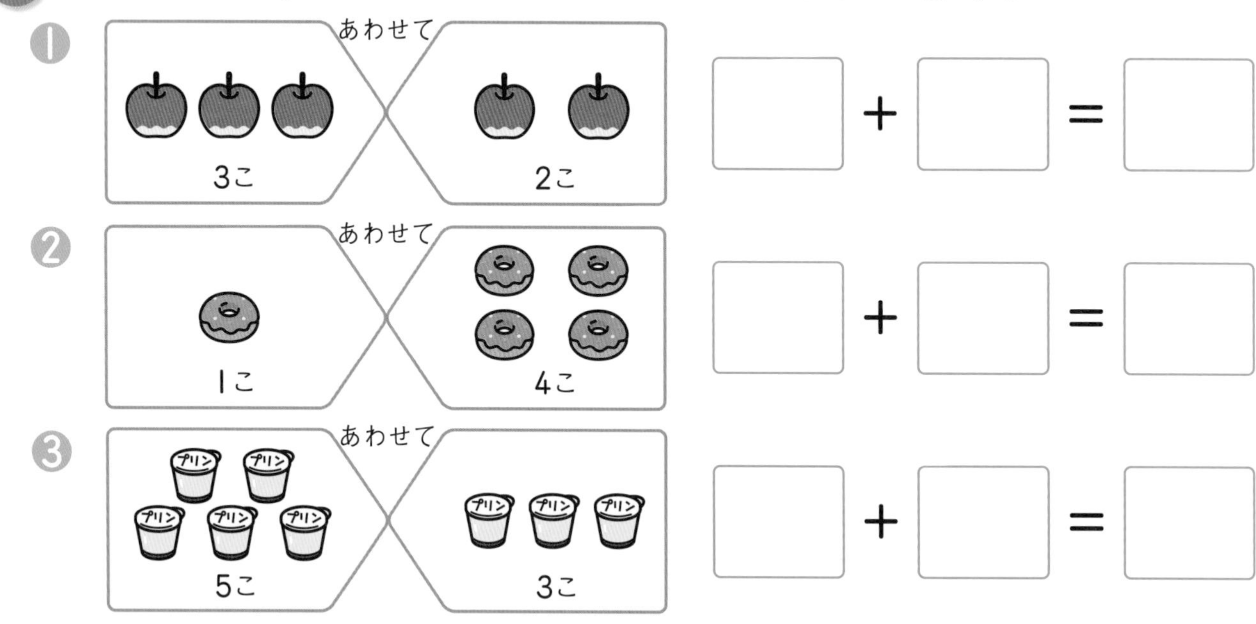

❶ □ + □ = □

❷ □ + □ = □

❸ □ + □ = □

2 たしざんを しましょう。

❶ 4+2=□

❷ 6+2=□

❸ 5+4=□

❹ 3+3=□

おうちのかたへ　ここでは2つの数を合わせる「たし算」を学びます。「たし算」を使う意味を算数ブロックなど，具体的な物の操作を通じて理解できるようにしましょう。

❸ あわせて　いくつでしょう。

❶

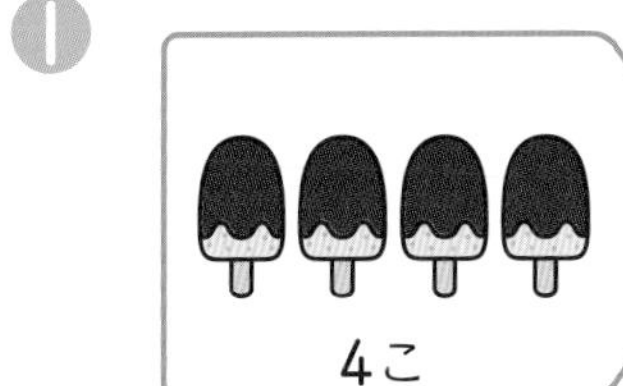

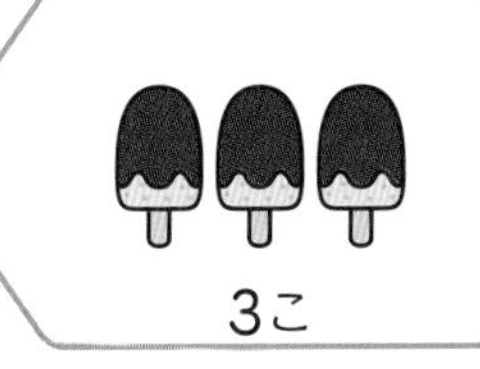

しき

こたえ　□　こ

❷

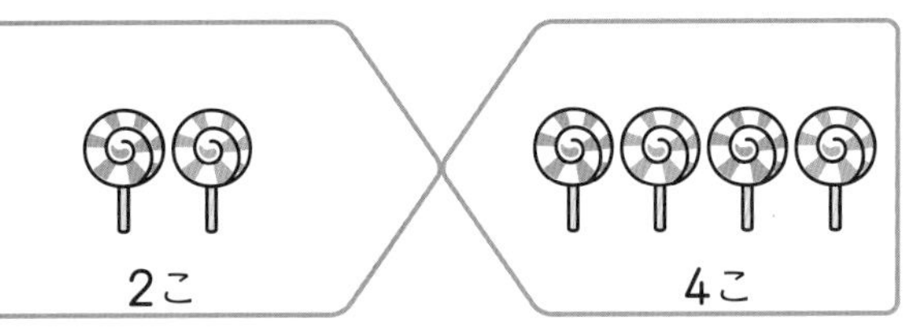

しき

こたえ　□　こ

❸

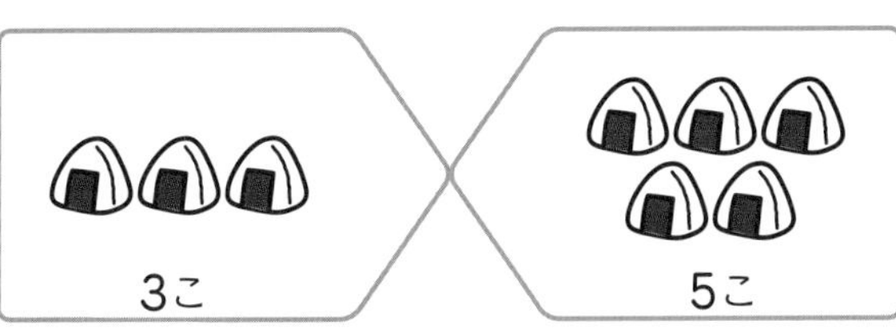

しき

こたえ　□　こ

❹

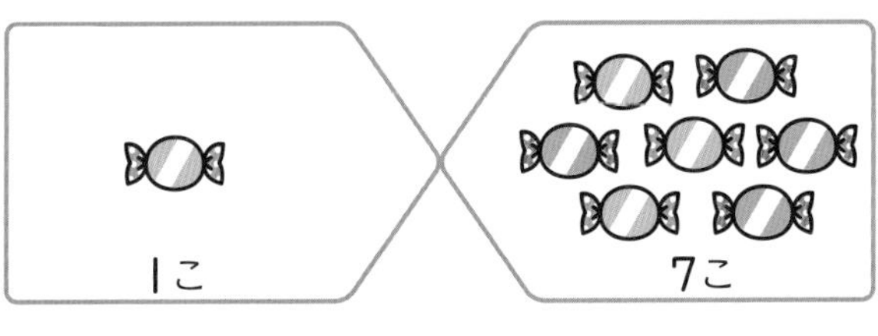

しき

□ + □ = □

こたえ　□　こ

❹ たしざんを　しましょう。

❶ 5+1=□　　❷ 3+4=□

❸ 2+2=□　　❹ 6+3=□

❺ 4+4=□　　❻ 7+2=□

❼ 1+6=□　　❽ 8+1=□

② ふえると　いくつ

きほんのワーク

こたえ 4ページ

やってみよう

☆ ぜんぶで　なんわでしょう。たしざんの　しきに　かきましょう。

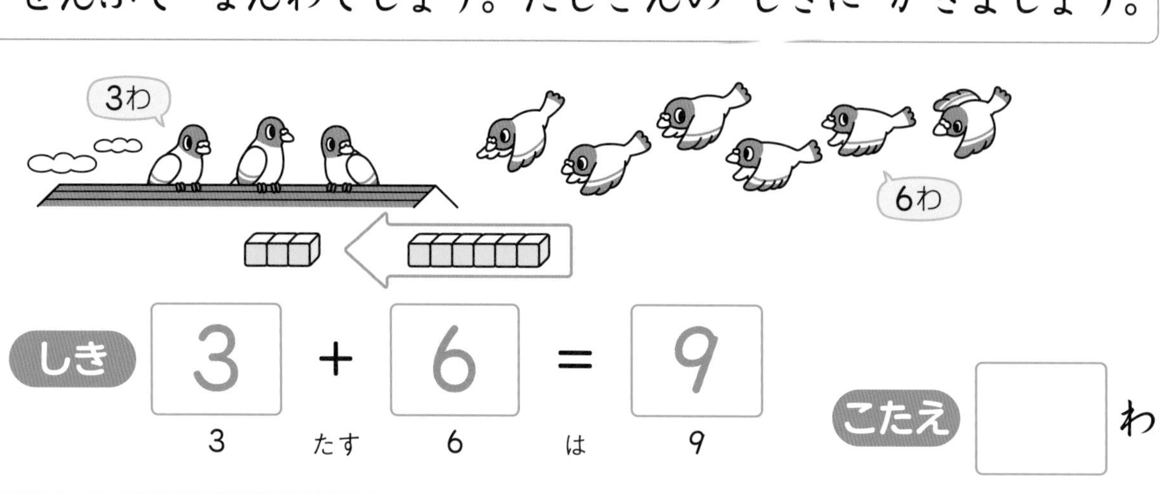

しき 3 ＋ 6 ＝ 9
3 たす 6 は 9

こたえ □ わ

1 えを　みて，たしざんの　しきに　かきましょう。

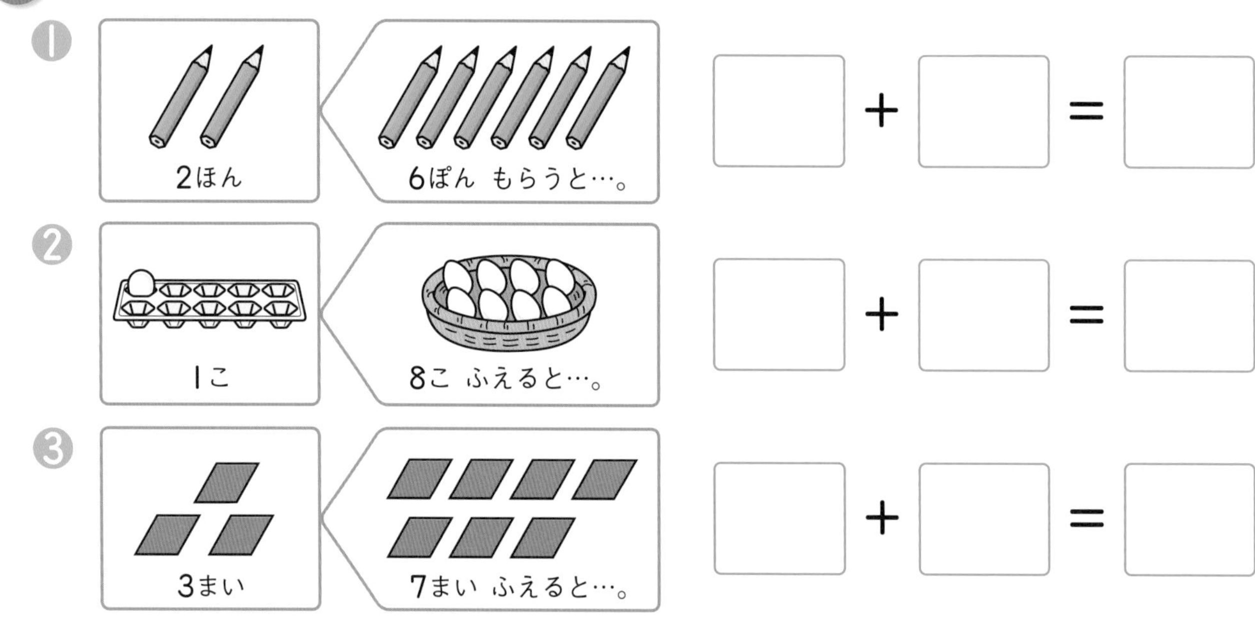

❶ □ ＋ □ ＝ □

❷ □ ＋ □ ＝ □

❸ □ ＋ □ ＝ □

2 たしざんを　しましょう。

❶ 4＋6＝□

❷ 2＋8＝□

❸ 2＋7＝□

❹ 1＋9＝□

おうちのかたへ　たし算を使う場面として「数が増える」ときを学びます。時間的な経過をともないますが，具体的な物の操作なども取り入れ，「数を合わせる」場面との違いを理解しておきましょう。

③ ふえると いくつでしょう。

❶

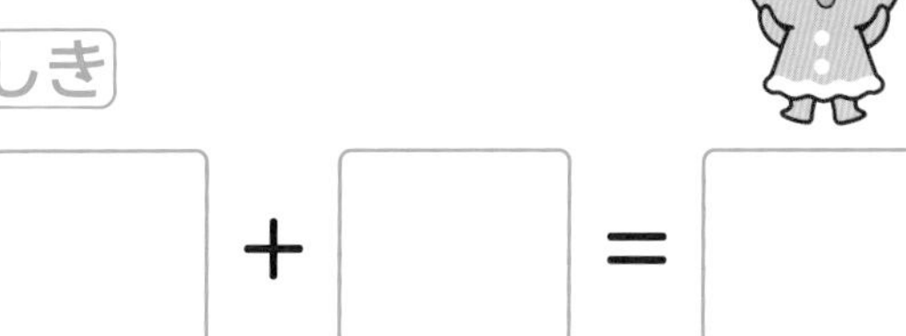

しき

□ ＋ □ ＝ □

こたえ □ にん

❷

しき

□ ＋ □ ＝ □

こたえ □ ひき

❸

しき

□ ＋ □ ＝ □

こたえ □ ほん

❹

しき

□ ＋ □ ＝ □

こたえ □ ひき

④ たしざんを しましょう。

❶ 9＋1＝□　　❷ 3＋5＝□

❸ 4＋5＝□　　❹ 6＋1＝□

❺ 7＋3＝□　　❻ 5＋5＝□

❼ 1＋3＝□　　❽ 2＋5＝□

③ 0の たしざん

きほんのワーク

こたえ 4ページ

やってみよう

☆ たまいれを しました。あわせて いくつでしょう。

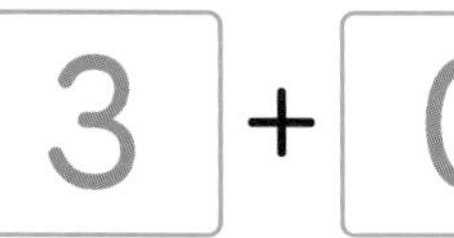

1かいめ　2かいめ

しき　3 + 0 = 3　　こたえ □ こ

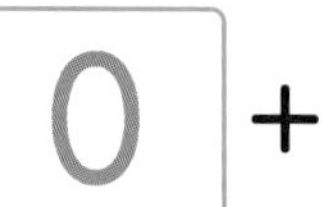

1かいめ　2かいめ

しき　0 + 2 = 2　　こたえ □ こ

たいせつ

いくつかに 0を たしても，0に いくつかを たしても かずは かわりません。

1 ぜんぶで いくつでしょう。

❶

5こ

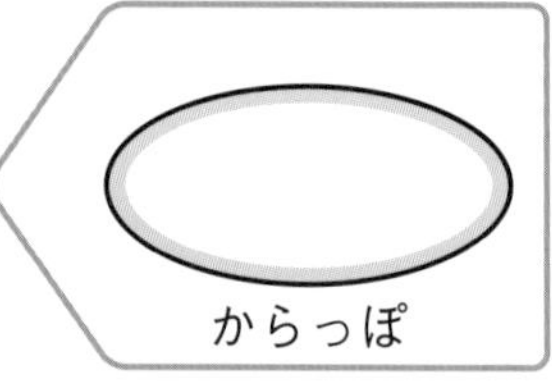

からっぽ

しき □ + □ = □

こたえ □ こ

❷

からっぽ

7こ

しき □ + □ = □

こたえ □ こ

❸

1かいめ　2かいめ

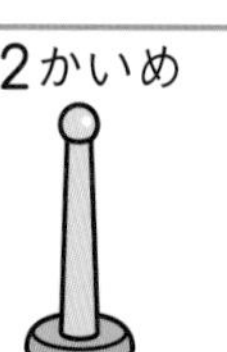

しき □ + □ = □

こたえ □ こ

2 たしざんを しましょう。

❶ 4+0= □　　❷ 8+0= □

❸ 0+6= □　　❹ 0+0= □

おうちのかたへ

「ある数」に0をたしても，0に「ある数」をたしても，答えは「ある数」になります。
0のたし算の意味は1年生には少し難しいので，計算ができることにとどめてもよいでしょう。

④ 10までの かずの たしざん

きほんのワーク

こたえ 4ページ

やってみよう

☆ ○に いろを ぬって たしざんを しましょう。

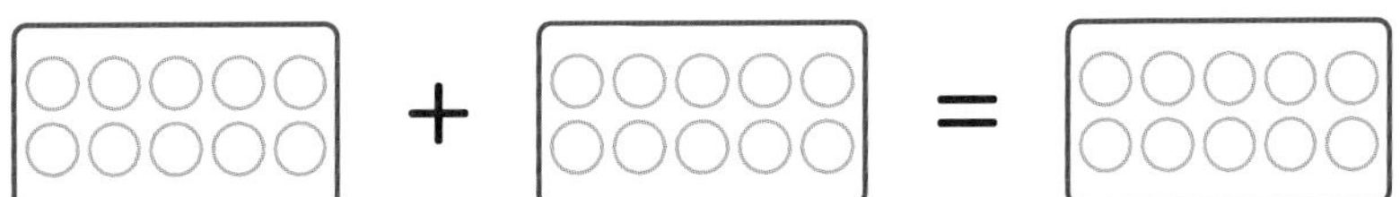

6 ＋ 4 ＝ □

たいせつ
○の かずを かぞえて みよう。

1 ○に いろを ぬって たしざんを しましょう。

❶ 3 ＋ 5 ＝ □

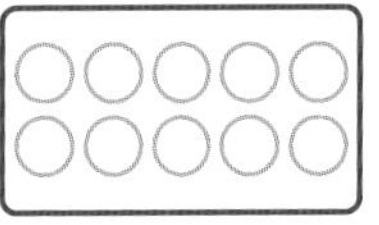

❷ 1 ＋ 9 ＝ □

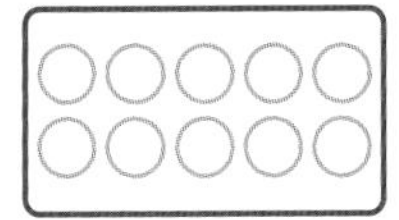

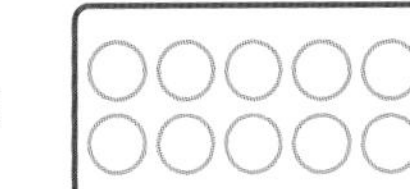

いろを ぬったのは
ぜんぶで いつくかな？

2 たしざんを しましょう。

❶ 2＋3＝□　　❷ 5＋4＝□

❸ 7＋2＝□　　❹ 1＋5＝□

❺ 2＋8＝□　　❻ 8＋0＝□

❼ 0＋9＝□　　❽ 5＋5＝□

おうちのかたへ　答えが10以下になるたし算の練習をします。これから勉強する算数の基礎となる部分ですので，しっかり練習しておきましょう。

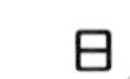

べんきょうした 日　月　日

まとめのテスト①

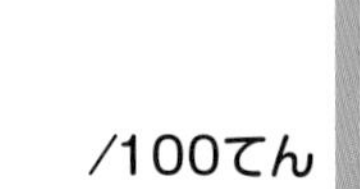

とくてん　/100てん

1 えを みて，□に かずを かきましょう。　1つ10〔20てん〕

❶

□＋□＝□

❷

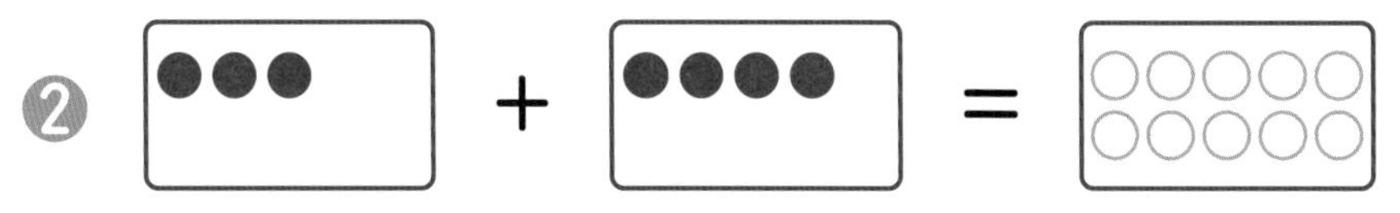

□＋□＝□

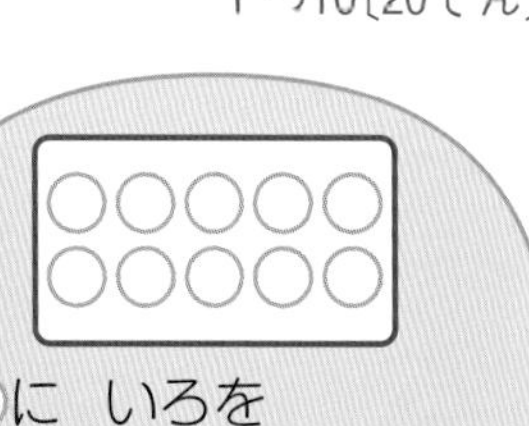

○に いろを ぬって かんがえると いいね。

2 よくでる たしざんを しましょう。　1つ10〔80てん〕

❶ 5＋1＝□　❷ 2＋7＝□

❸ 4＋4＝□　❹ 6＋3＝□

❺ 1＋9＝□　❻ 0＋7＝□

❼ 10＋0＝□

❽ 0＋0＝□

まちがえた もんだいは やりなおして，せいかい するまで れんしゅうしよう。

□たしざんの けいさんが できたかな。
□0の ある たしざんの けいさんが できるかな。

べんきょうした 日　　月　　日

まとめのテスト②

じかん 20ぷん

とくてん　　/100てん

こたえ 5ページ

1 こたえが おなじに なる しきを •—• で むすび，□に こたえを かきましょう。　1つ10〔60てん〕

❶	4＋3 •	• 4＋4＝□	
❷	2＋6 •	• 2＋5＝□	
❸	6＋4 •	• 3＋6＝□	
❹	5＋1 •	• 1＋4＝□	
❺	1＋8 •	• 6＋0＝□	
❻	3＋2 •	• 5＋5＝□	

2 よくでる たしざんを しましょう。　1つ10〔40てん〕

❶ 0＋9＝□　　❷ 8＋2＝□

❸ 1＋6＝□　　❹ 2＋2＝□

□ただしく せんで むすぶ ことが できたかな。
□たしざんの けいさんが できるかな。

べんきょうした 日　　月　　日

① のこりは　いくつ
きほんのワーク

こたえ 5ページ

☆ のこりは なんこでしょう。ひきざんの しきに かきましょう。

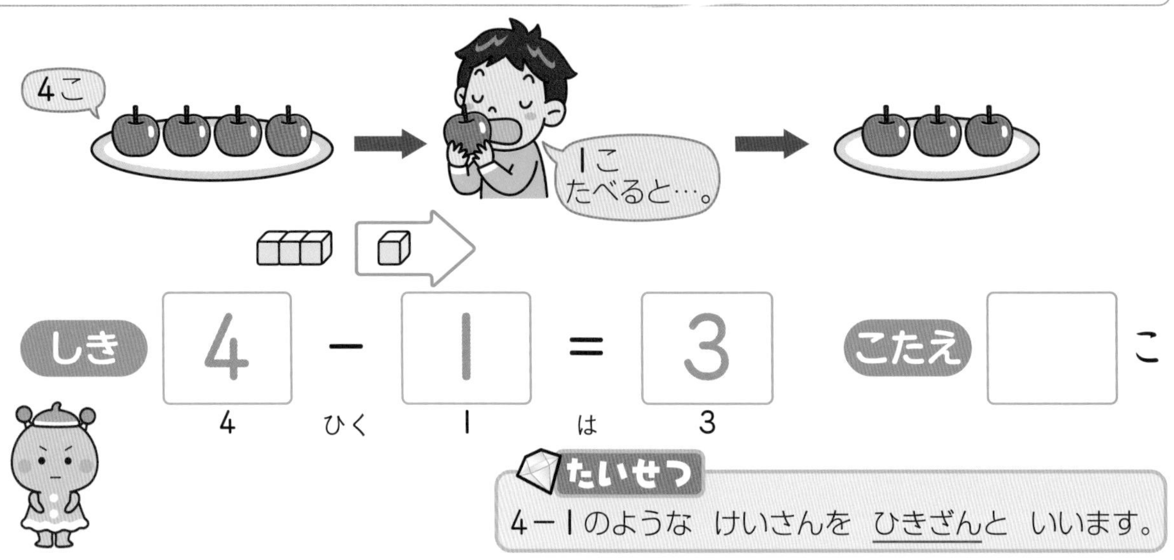

たいせつ
4−1のような けいさんを ひきざんと いいます。

1 えを みて，ひきざんの しきに かきましょう。

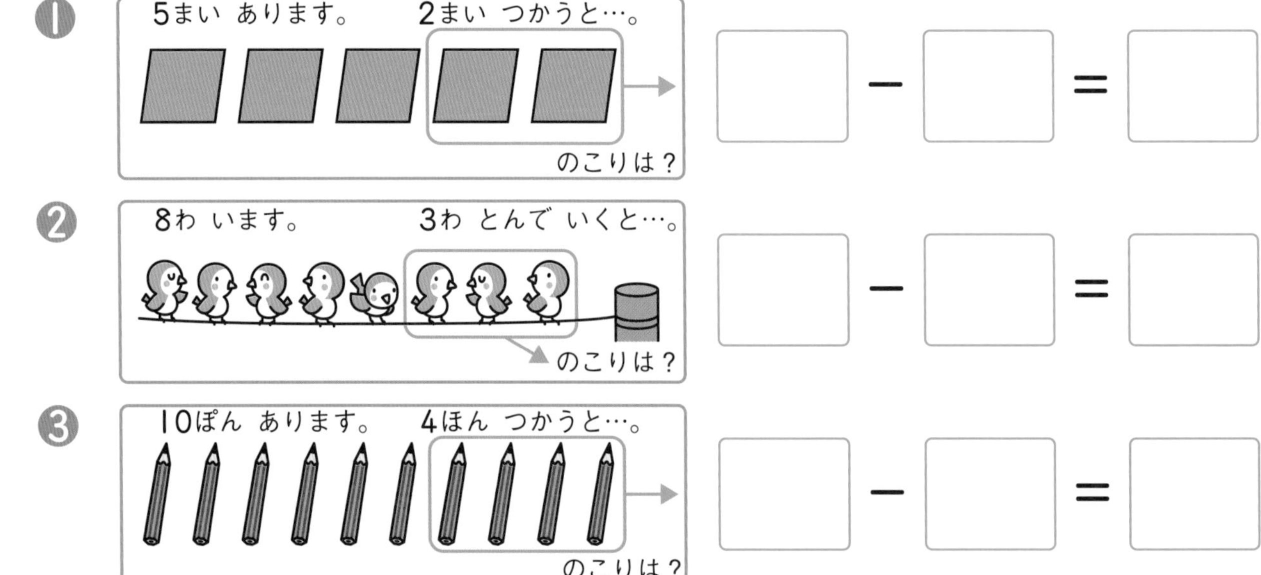

❶ □ − □ = □

❷ □ − □ = □

❸ □ − □ = □

2 ひきざんを しましょう。

❶ 3−1=□　　❷ 6−3=□

❸ 9−5=□　　❹ 7−4=□

おうちのかたへ
残りの数を求めるときには「ひき算」を使います。ひき算は，たし算に比べてつまずきが多く見られます。−（ひく）の記号の意味も，しっかりと押さえましょう。

③ のこりは　いくつでしょう。

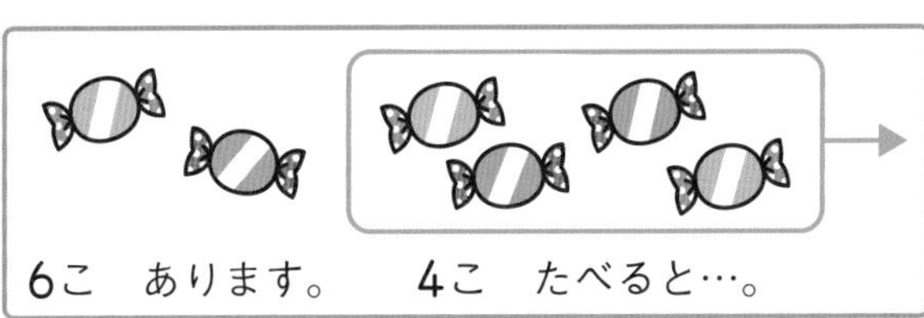

しき

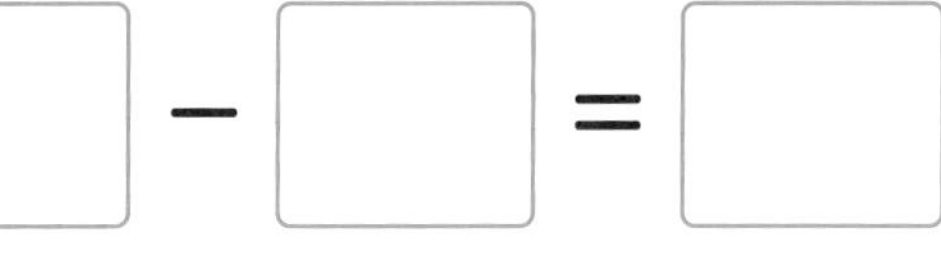

こたえ　□　こ

②

しき

こたえ　□　こ

③

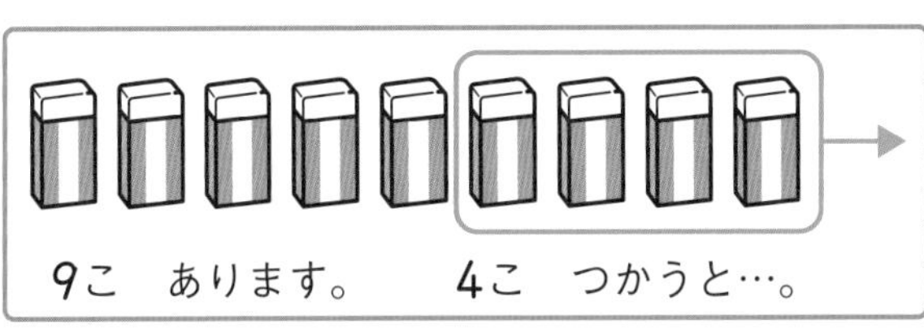

しき

こたえ　□　こ

④

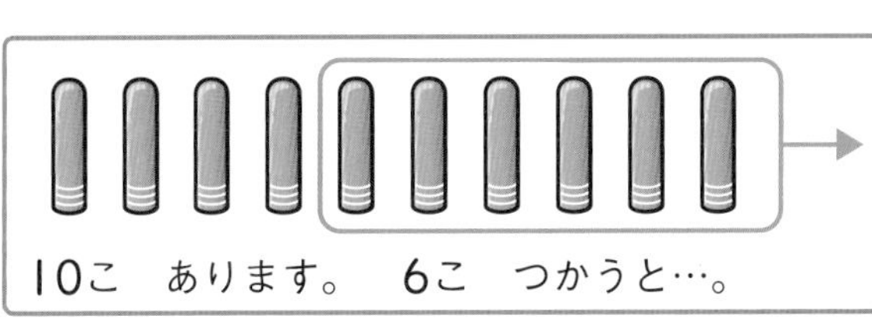

しき

こたえ　□　こ

④ ひきざんを　しましょう。

① 5−3=□　　② 8−4=□

③ 9−6=□　　④ 4−3=□

⑤ 6−1=□　　⑥ 7−5=□

⑦ 10−5=□　　⑧ 3−2=□

② ちがいは　いくつ

きほんのワーク

こたえ 5ページ

やってみよう

☆ ちがいは なんびきでしょう。ひきざんの しきに かきましょう。

いぬ 8ひき 

ねこ 6ぴき 

たいせつ
ちがいを もとめる ときも ひきざんを します。

しき 8 − 6 = 2　こたえ □ ひき

8 ひく 6 は 2

1 えを みて，ちがいを ひきざんの しきに かきましょう。

❶ りんご 7こ　みかん 6こ　□ − □ = □

❷ えんぴつ 9ほん　けしごむ 7こ　□ − □ = □

❸ あかい はな 8ほん　しろい はな 10ぽん　□ − □ = □

2 ひきざんを しましょう。

❶ 10−7=□　❷ 7−5=□

❸ 9−8=□　❹ 10−9=□

おうちのかたへ
「数の違い」を求めるときにもひき算を使うことと，大きい数から小さい数をひくことを徹底します。

③ ちがいは　いくつでしょう。

❶

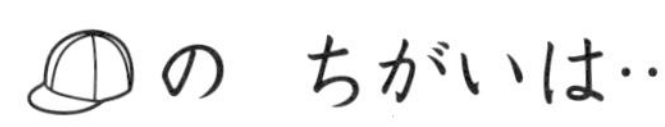

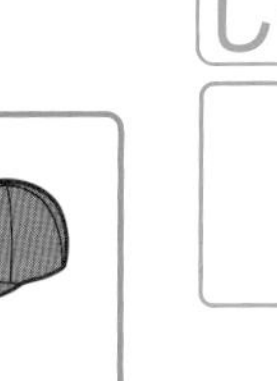

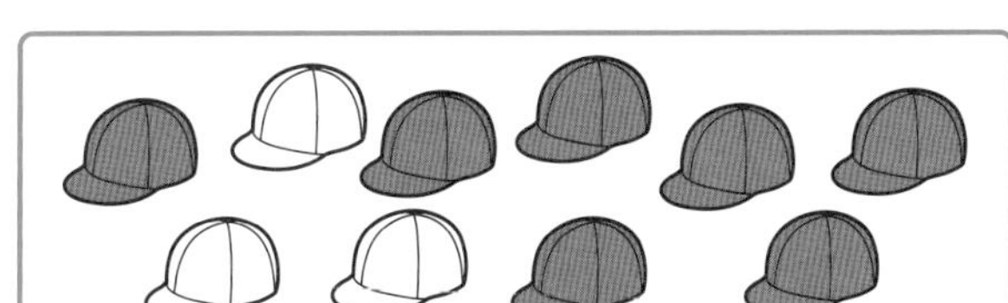

しき

こたえ　□　こ

❷

と　の　ちがいは…

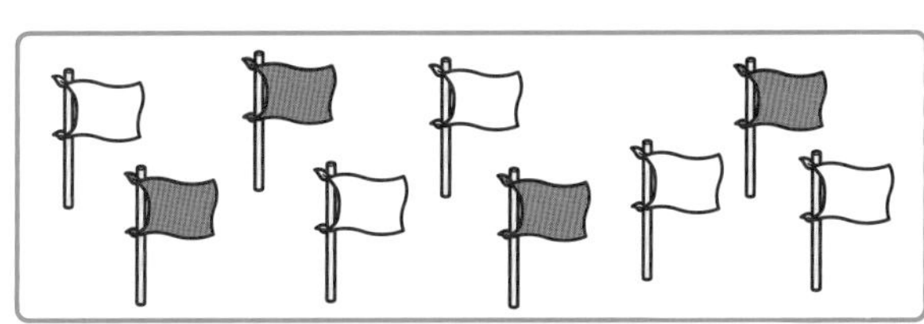

しき

こたえ　□　ぽん

❸

と　の　ちがいは…

しき

こたえ　□　ぽん

❹

と　の　ちがいは…

しき

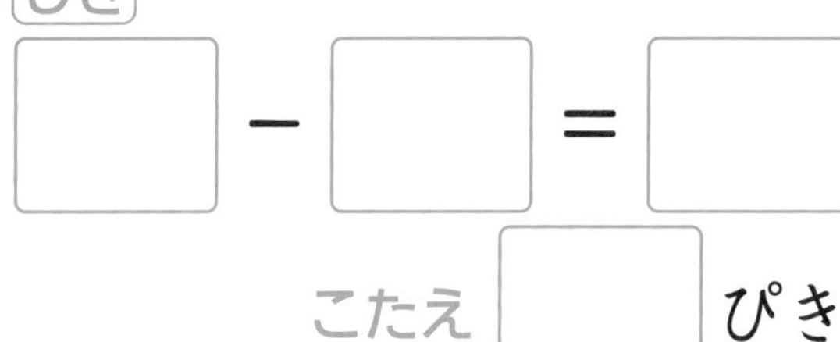

こたえ　□　ぴき

④ ひきざんを　しましょう。

❶ 4−2=□　　❷ 8−5=□

❸ 9−3=□　　❹ 10−3=□

❺ 6−2=□　　❻ 8−7=□

❼ 5−1=□　　❽ 10−2=□

③ 0の ひきざん

きほんのワーク

こたえ 5ページ

やってみよう

はじめに 3びき います。

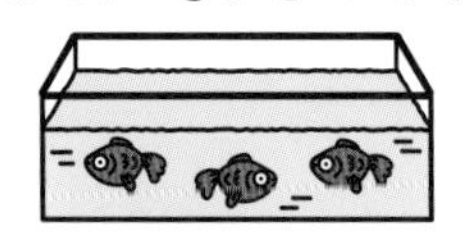

☆ きんぎょすくいを します。のこりの きんぎょは なんびきでしょう。

1ぴき すくい ました。

しき $3 - 1 = 2$ こたえ □ ひき

3びき すくい ました。

しき $3 - 3 = 0$ こたえ □ ひき

1ぴきも すくえ ませんでした。

しき $3 - 0 = 3$ こたえ □ びき

1 りんごの かずの ちがいは いくつでしょう。

❶

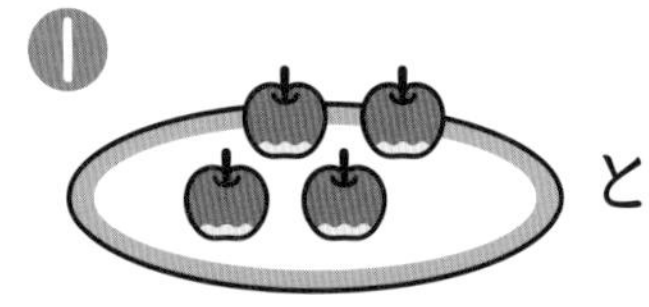

と

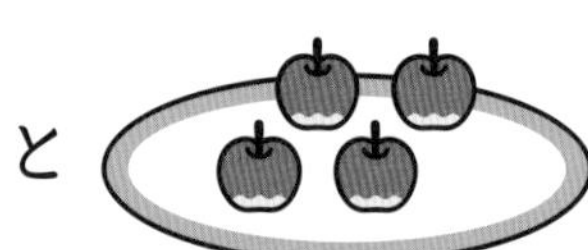

しき □ − □ = □

おなじ かずを ひくと 0に なるね！

こたえ □ こ

❷

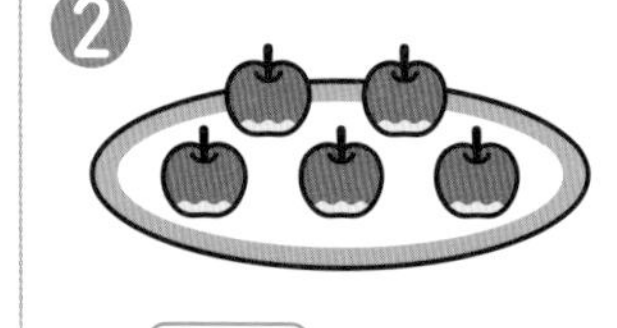

と

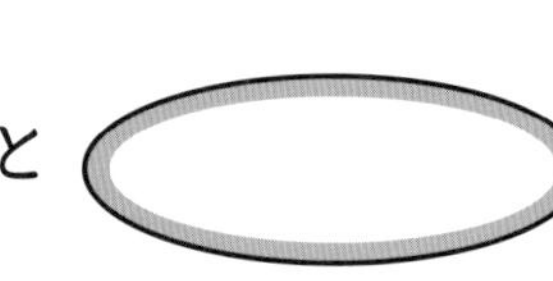

しき □ − □ = □

もとの かずと おなじに なるね。

こたえ □ こ

2 ひきざんを しましょう。

❶ $6-6=$ □

❷ $8-8=$ □

❸ $7-0=$ □

❹ $0-0=$ □

おうちのかたへ

0のひき算では，0をひく場合(3−0＝3)と，答えが0になる場合(3−3＝0)があります。
1年生にとって，0をひくことは0をたすこと以上に理解しづらいので，注意しましょう。

④ 10までの かずの ひきざん

きほんのワーク

こたえ 6ページ

やってみよう

☆ ○に いろを ぬって ひきざんを しましょう。

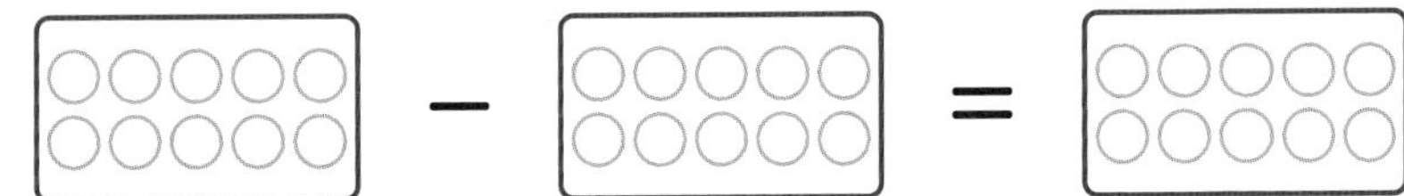

9 － 3 ＝ 

たいせつ
なんかいも ひきざんの れんしゅうを しよう。

1 ひきざんを しましょう。

❶ 5－1＝ □　　❷ 7－2＝ □

❸ 4－3＝ □　　❹ 8－2＝ □

❺ 3－1＝ □　　❻ 6－3＝ □

❼ 2－1＝ □　　❽ 9－4＝ □

2 ひきざんを しましょう。

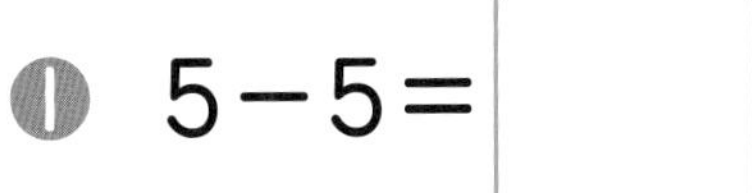

❶ 5－5＝ □　　❷ 6－0＝ □

❸ 9－1＝ □　　❹ 7－6＝ □

❺ 2－2＝ □　　❻ 0－0＝ □

❼ 8－6＝ □　　❽ 10－10＝ □

おうちのかたへ
10以下の数からひく，ひき算の練習をします。これから勉強する算数の基礎となる部分ですので，しっかりと練習しましょう。

べんきょうした 日　月　日

まとめのテスト①

じかん 20 ぷん

とくてん　/100てん

こたえ 6ページ

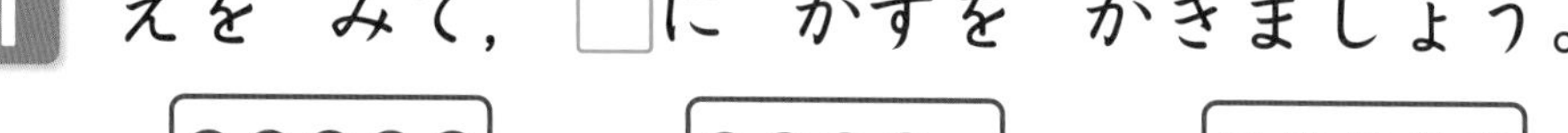

1 えを　みて，□に　かずを　かきましょう。

1つ10〔20てん〕

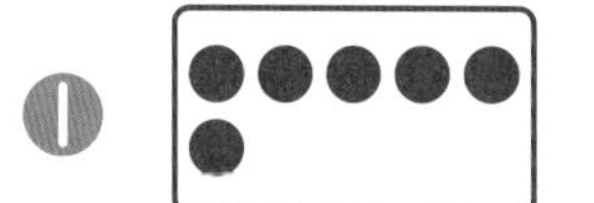

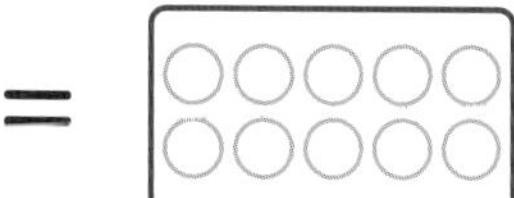
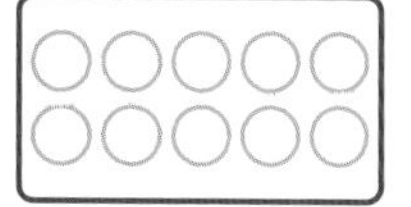

❶ − ＝

□ − □ ＝ □

❷ − ＝

□ − □ ＝ □

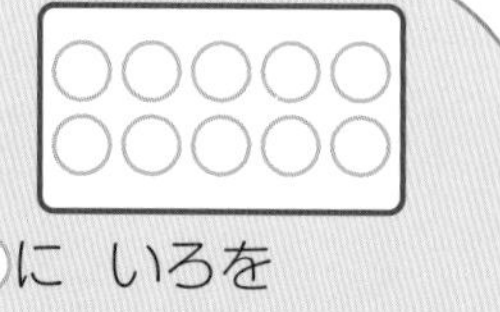

2 よくでる　ひきざんを　しましょう。

1つ10〔80てん〕

❶ 5−3＝□

❷ 7−2＝□

❸ 4−1＝□

❹ 9−9＝□

❺ 8−6＝□

❻ 6−3＝□

❼ 3−0＝□

❽ 10−5＝□

まちがえた　もんだいは
やりなおして，
せいかい　するまで
れんしゅうしよう。

チェック

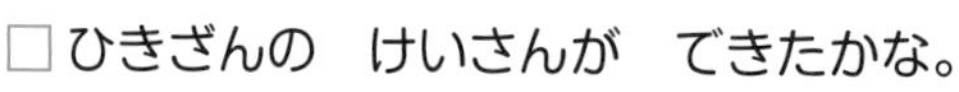
□ひきざんの　けいさんが　できたかな。
□0の　ある　ひきざんの　けいさんが　できるかな。

まとめのテスト②

じかん 20ぷん

とくてん /100てん

こたえ 6ページ

1 こたえが おなじに なる しきを ・―・で むすび，□に こたえを かきましょう。 1つ10〔60てん〕

❶	10−7 ・	・	6−1＝□
❷	7−3 ・	・	10−9＝□
❸	2−1 ・	・	8−4＝□
❹	4−2 ・	・	9−3＝□
❺	8−3 ・	・	5−2＝□
❻	10−4 ・	・	7−5＝□

2 よくでる ひきざんを しましょう。 1つ10〔40てん〕

❶ 7−1＝□　　❷ 8−8＝□

❸ 10−10＝□　　❹ 6−0＝□

□ただしく せんで むすぶ ことが できたかな。
□ひきざんの けいさんが できるかな。

べんきょうした 日　月　日

① しらべよう きほんのワーク

こたえ 7ページ

やってみよう

☆ かずを　しらべて，えに　いろを　ぬりましょう。

かんがえかた
みやすく　せいりすると　かずの　おおい　すくないが　わかりやすく　なります。

1 かずを　しらべて，えに いろを　ぬりましょう。

2 いえに　ある　くだものを　しらべて，くだものの　かずだけ いろを　ぬりました。

みかん	ばなな	いちご	りんご

❶ どの　くだものが　いちばん おおいですか。

❷ どの　くだものが　いちばん すくないですか。

❸ いちごは　なんこ ありましたか。　□こ

おうちのかたへ　2年で学ぶ表とグラフの学習に先駆けて，整理のしかたを学びます。物の数を整理すると，多いか少ないかがわかりやすくなります。「整理することのよさ」を伝えておきましょう。

まとめのテスト

じかん 20ぷん

とくてん /100てん

こたえ 7ページ

1 しいくごやの　うさぎの　かずを　かぞえます。　1つ15〔60てん〕

❶ うさぎの　かずだけ　に　いろを　ぬりましょう。

❷ は　なんびき　いますか。　□ ひき

❸ は　なんびき　いますか。　□ ひき

❹ は　より　なんびき　おおいですか。　□ ひき

2 よくでる おみせの　ケース(けえす)を　しらべて，ケーキ(けえき)の　かずだけ　いろを　ぬりました。　1つ10〔40てん〕

❶ どの　ケーキが　いちばん　おおいですか。◯を　つけましょう。

❷ チョコ(ちょこ)ケーキは　なんこ　ありますか。　□ こ

❸ いちごケーキは　なんこ　ありますか。　□ こ

❹ エクレア(えくれあ)は　シュークリーム(しゅうくりいむ)より　なんこ　おおいですか。　□ こ

チェック
□かずを　かぞえて　いろを　ぬる　ことが　できるかな。
□いろを　ぬった　えを　みて　もんだいが　とけたかな。

べんきょうした 日　月　日

① 15までの かず
きほんのワーク

こたえ 7ページ

やってみよう

☆ いくつ ありますか。すうじで かきましょう。

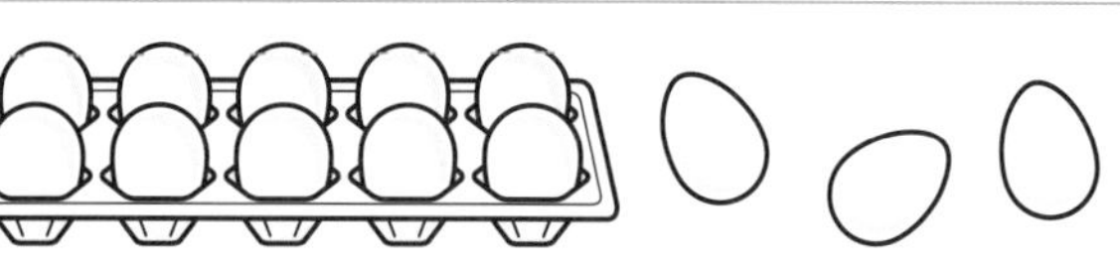

じゅう 10と [さん] で [じゅうさん]

たいせつ
10と 3で 13と かき
「じゅうさん」と よみます。
よみかたを おぼえよう。

1 かずを すうじで かきましょう。

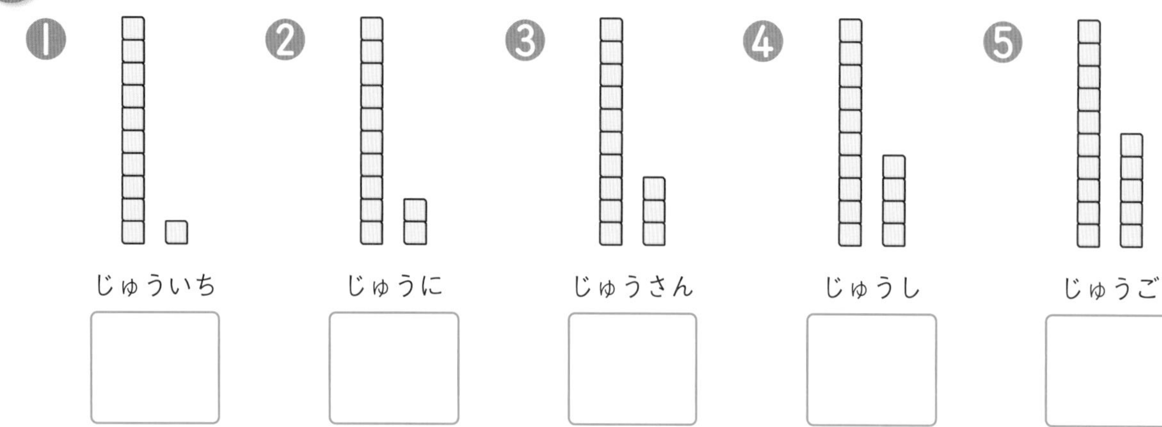

❶ じゅういち
❷ じゅうに
❸ じゅうさん
❹ じゅうし
❺ じゅうご

2 かずを かぞえて すうじで かきましょう。

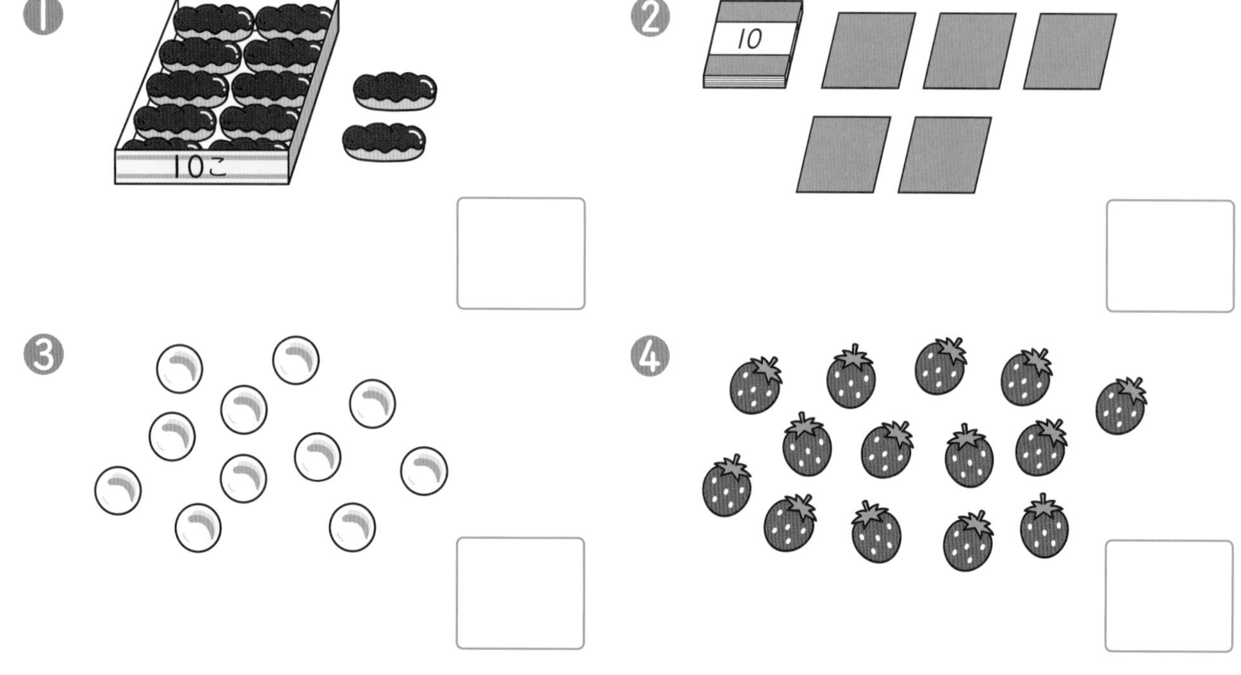

❶ ❷ ❸ ❹

おうちのかたへ
ここでは11から15までの数を学びます。10より大きい数は10といくつで数えることを学習します。10のまとまりを丸で囲むと10といくつかがわかりやすくなります。

② 20までの　かず

きほんのワーク

こたえ 7ページ

やってみよう

☆いくつ　ありますか。すうじで　かきましょう。

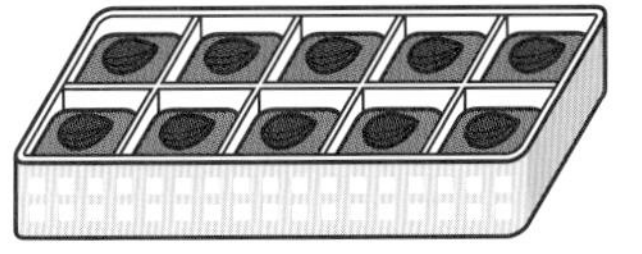

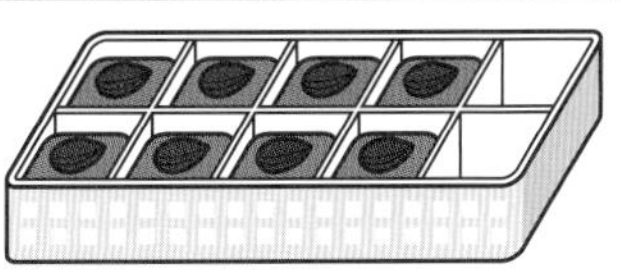

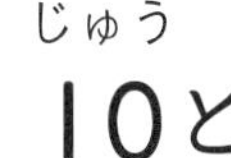

じゅう　10と　（はち）□　で　（じゅうはち）□

かんがえかた
10より　おおきい　かずは
10と　いくつに　なるかを
かんがえよう。

1 かずを　すうじで　かきましょう。

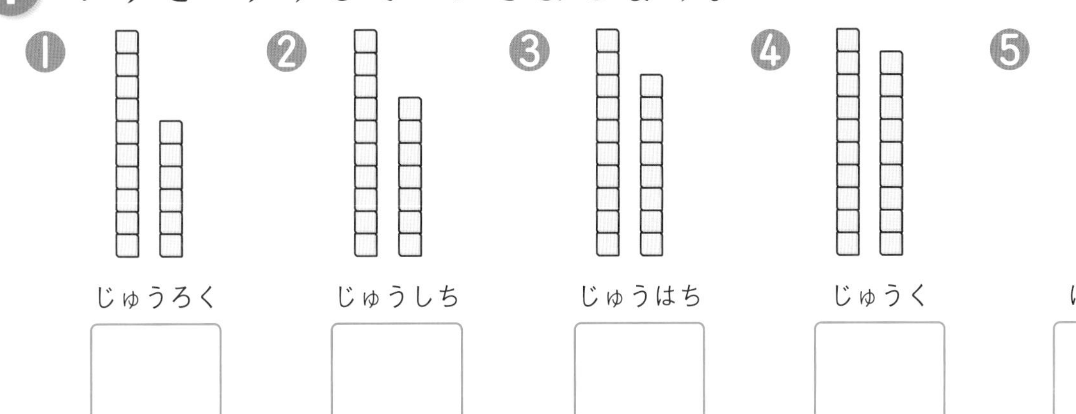

❶ じゅうろく □
❷ じゅうしち □
❸ じゅうはち □
❹ じゅうく □
❺ にじゅう □

2 かずを　かぞえて　すうじで　かきましょう。

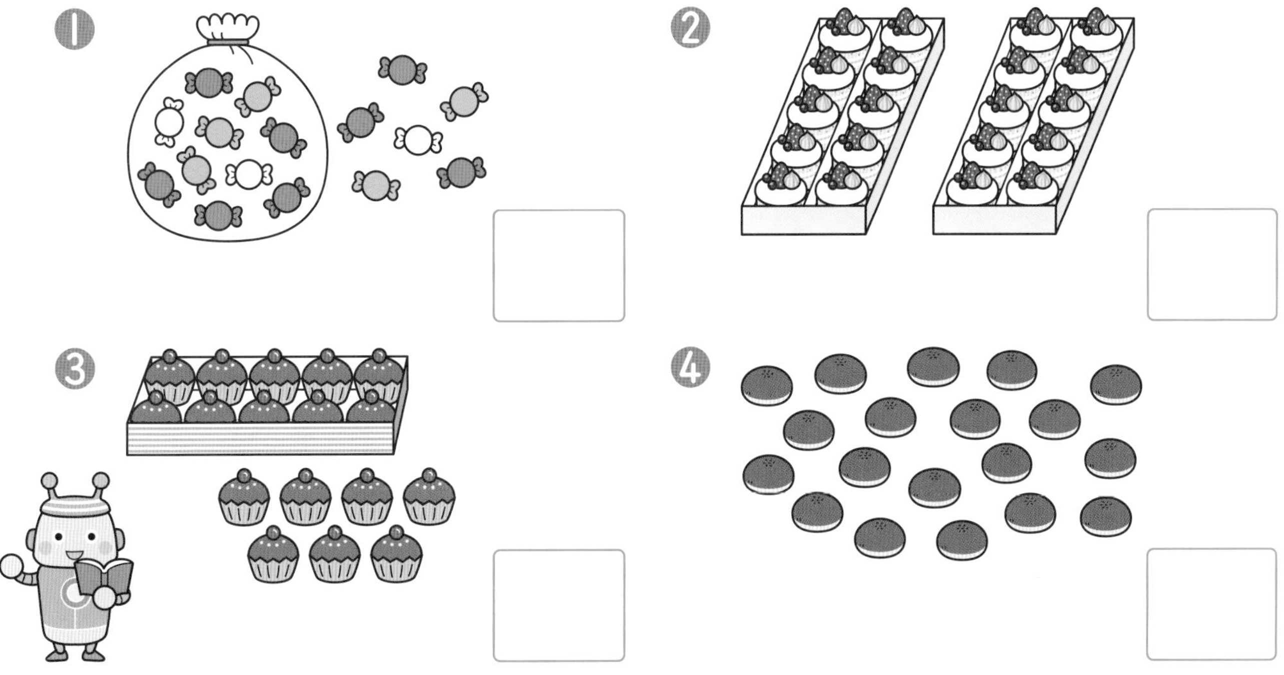

❶ □
❷ □
❸ □
❹ □

おうちのかたへ　16から20までの数を学びます。数が大きくなると，数え落としも多くなるので，注意しましょう。

べんきょうした 日　月　日

③ かずの しくみ

きほんのワーク

こたえ 8ページ

やってみよう

☆ かずを かぞえて すうじで かきましょう。

❶ 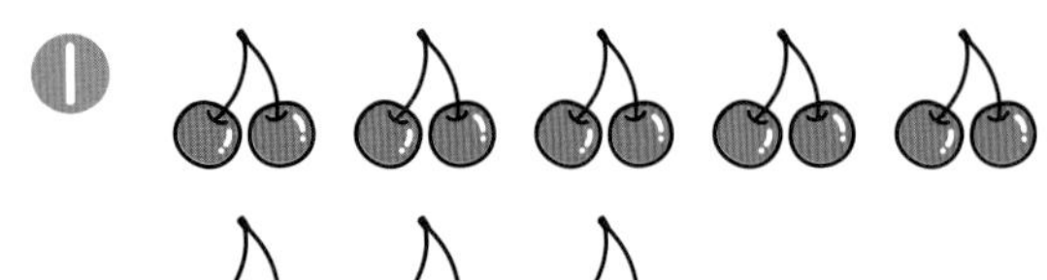

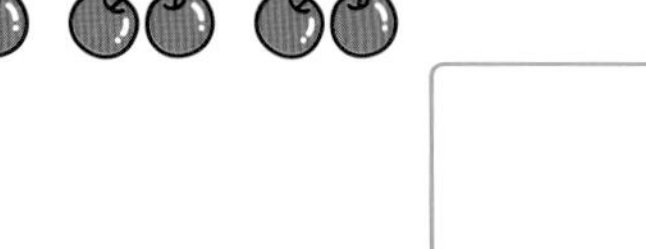

□

❷ 

□

かんがえかた

❶は 2，4，6，…と かぞえよう。❷は 5，10，…と かぞえよう。

1 かずを かぞえて すうじで かきましょう。

□

2 □に かずを かきましょう。

❶ 10と 7で □

❷ 10と □ で 14

❸ 10と 6で □

❹ 10と □ で 15

3 かずの おおきい ほうに ○を つけましょう。

❶ □ 11 14 □

❷ □ 18 16 □

❸ □ 17 15 □

❹ □ 19 20 □

おうちのかたへ

2つや5つで1組になっているものは，2，4，6，…や，5，10，15，…とまとめて数えていくと数えやすくなります。

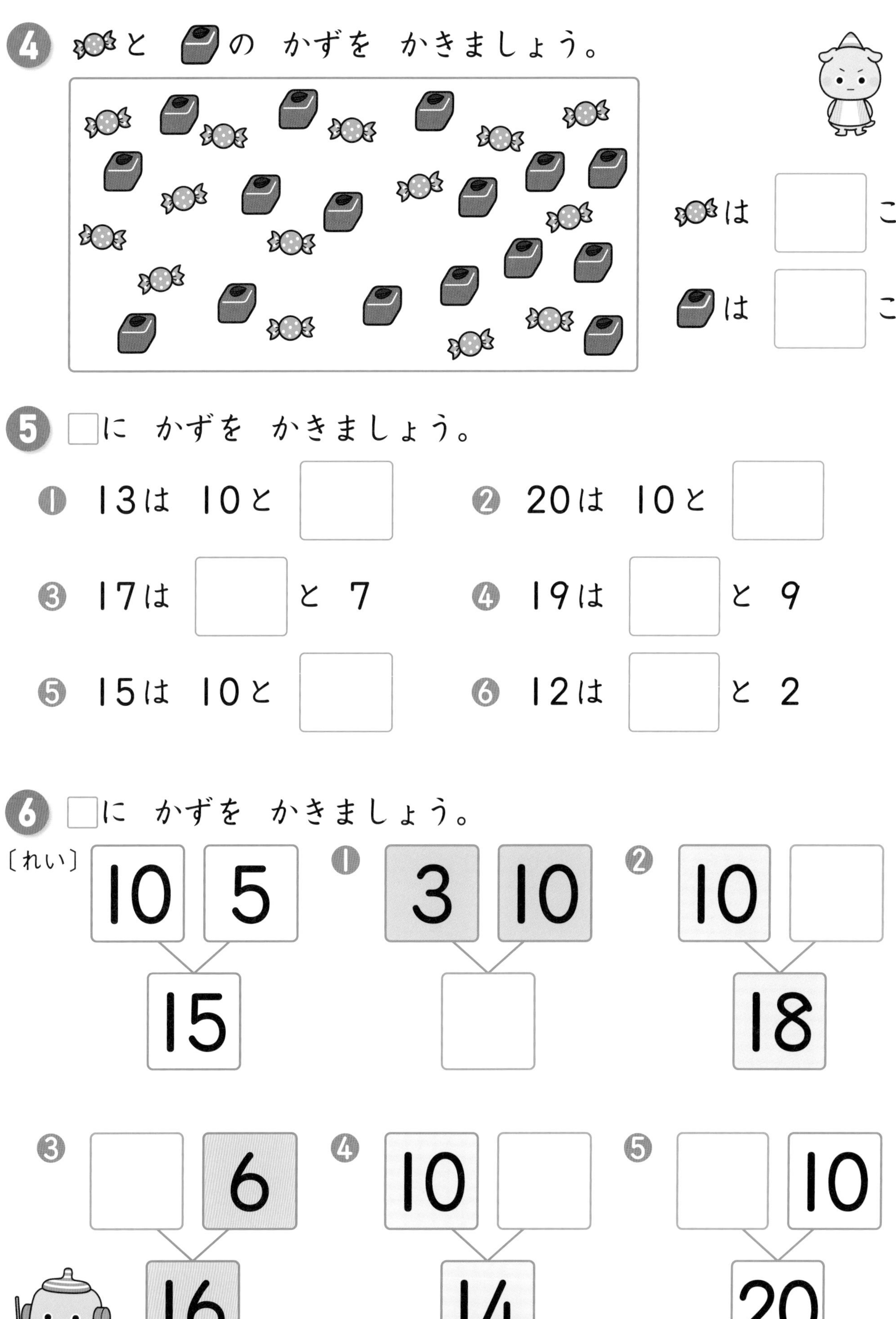

4 と の かずを かきましょう。

は □ こ

は □ こ

5 □に かずを かきましょう。

❶ 13は 10と □　　❷ 20は 10と □

❸ 17は □ と 7　　❹ 19は □ と 9

❺ 15は 10と □　　❻ 12は □ と 2

6 □に かずを かきましょう。

〔れい〕 10 5 → 15

❶ 3 10 → □

❷ 10 □ → 18

❸ □ 6 → 16

❹ 10 □ → 14

❺ □ 10 → 20

④ かずの ならびかた

やってみよう

☆ かずのせんを みて こたえましょう。

0 1 2 3 4 5 6 7 8 9 10 11 12 13 14 15 16 17 18 19 20

❶ 10より 4 おおきい かず □

❷ 20より 2 ちいさい かず □

たいせつ
かずを せんの うえに あらわした ものを「かずのせん」と いいます。

1 かずのせんで，❶から ❺の かずを かきましょう。

0 5 10 20

❶ □ ❷ □ ❸ □ ❹ □ ❺ □

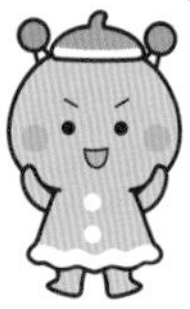

2 □に かずを かきましょう。

❶ 10 — 11 — □ — 13 — 14 — □

❷ □ — 16 — 15 — □ — 13 — 12

❸ 15 — 16 — □ — 18 — 19 — □

❹ 20 — □ — 18 — □ — 16 — □

❺ 2 — 4 — □ — 8 — □ — 12

おうちのかたへ 10より大きい数の並び方を学びます。数の線（数直線）の0は「はじまり」の意味を持っています。

3 □に　かずを　かきましょう。

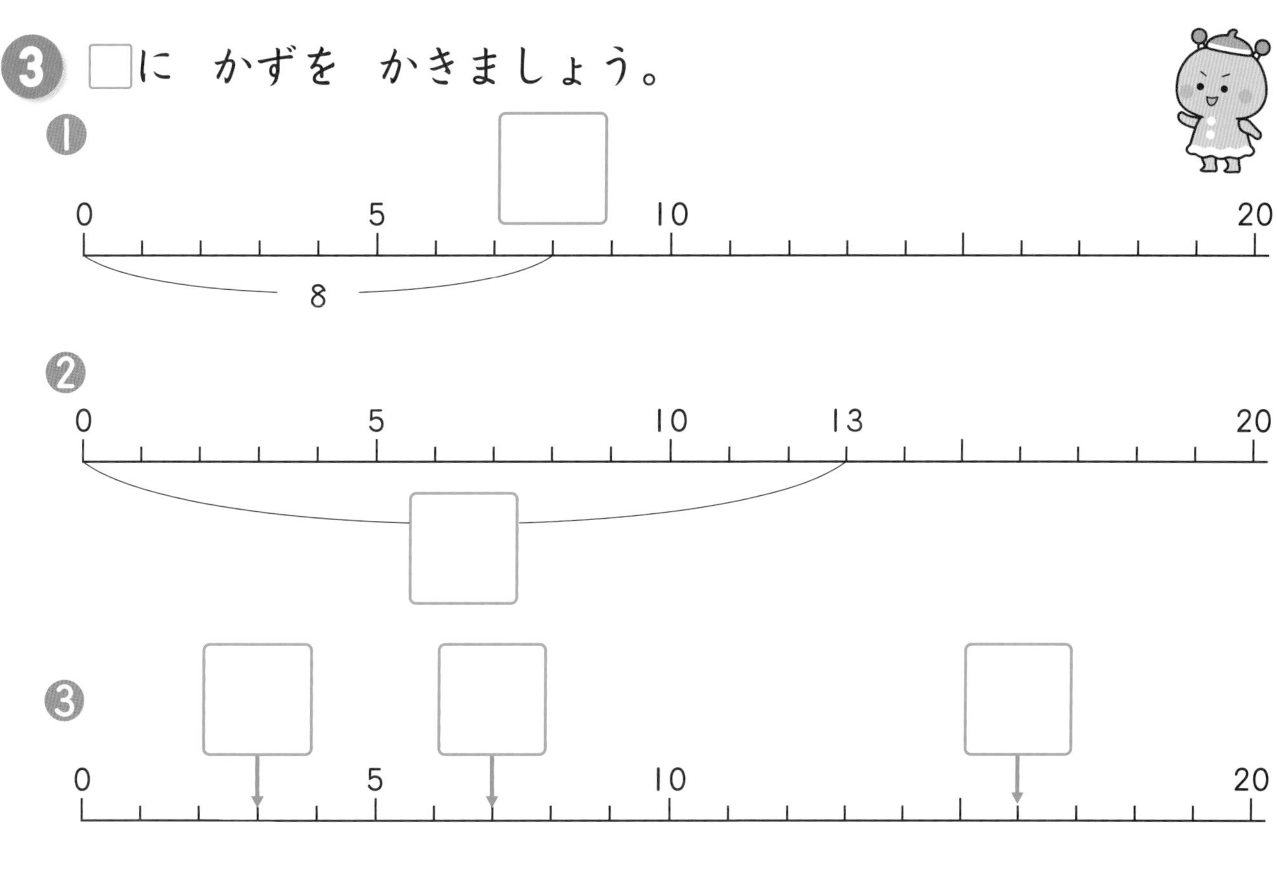

4 つぎの　かずを　ぜんぶ　かきましょう。

❶ 10と　16の　あいだに
ある　かず。

❷ 12と　8の　あいだに
ある　かず。

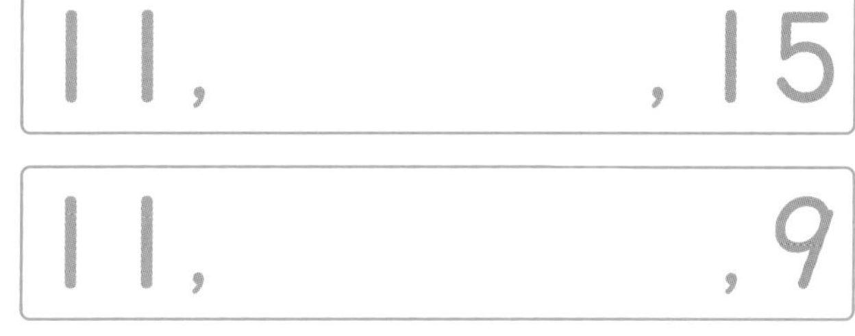

5 ねこが　かいだんを　のぼって　います。

❶ ねこは　いま　なんだんめに
いるでしょう。

□だんめ

❷ 18だんめに　いくには，
あと　なんだん　のぼれば
いいでしょう。

□だん

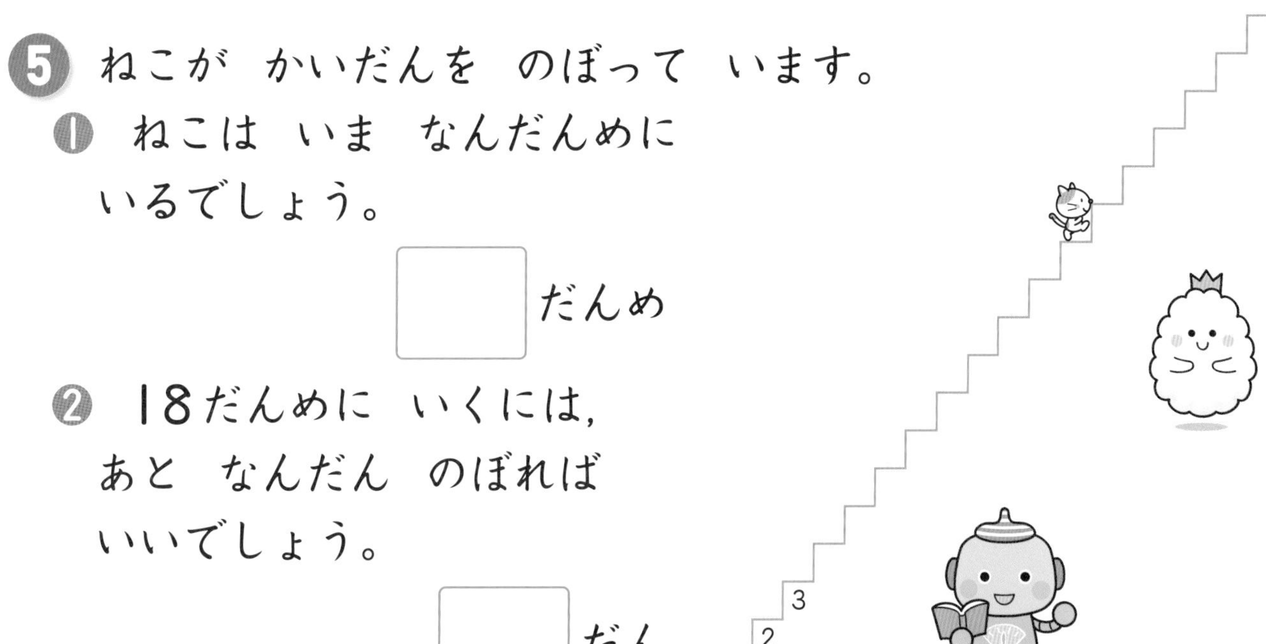

べんきょうした 日 月 日

⑤ たしざん
きほんのワーク

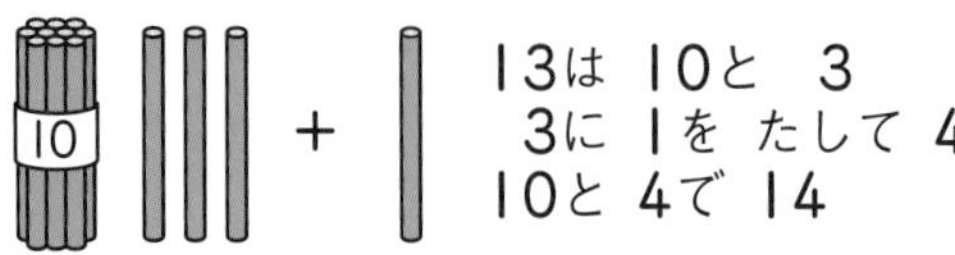

こたえ 8ページ

やってみよう

☆ たしざんを しましょう。

❶ 10+2=□

10 + || 10と 2で 12

❷ 13+1=□

10 ||| + | 13は 10と 3
3に 1を たして 4
10と 4で 14

かんがえかた

10を ひとまとまりと みて，10と いくつに なるかを かんがえます。

1 □に かずを かきましょう。

❶ 10に 3を たした かずは □

❷ 11に 4を たした かずは □

❸ 14に 2を たした かずは □

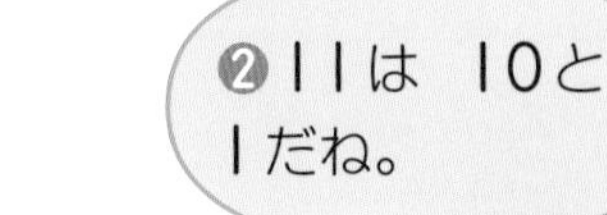

2 たしざんを しましょう。

❶ 10+4=□　❷ 10+6=□

❸ 10+9=□　❹ 10+7=□

❺ 11+2=□　❻ 12+3=□

❼ 15+1=□　❽ 14+3=□

おうちのかたへ

「10＋いくつ」「10いくつ＋いくつ」のたし算のしかたを学びます。10より大きい数も，10といくつと考えて計算すればよいことを学習します。

⑥ ひきざん
きほんのワーク

こたえ 9ページ

やってみよう

☆ ひきざんを しましょう。

❶ 14－4＝□

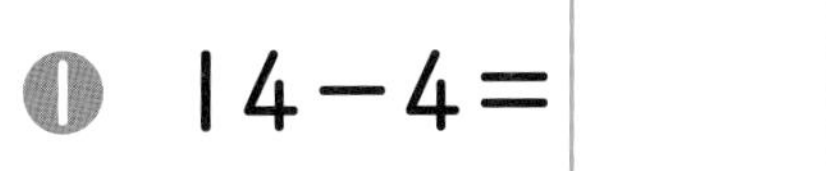

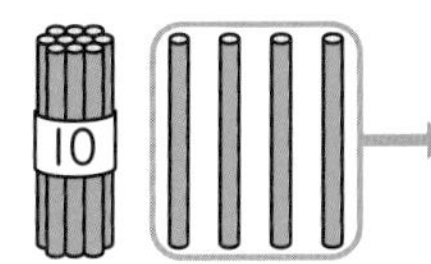

❷ 13－2＝□

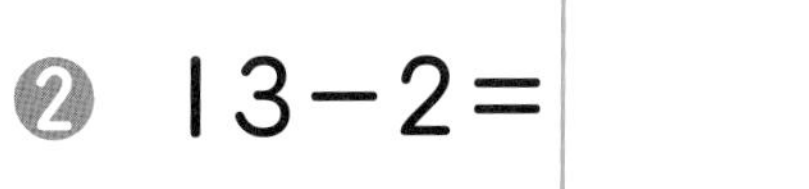

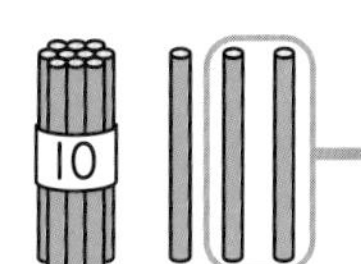

かんがえかた
10を ひとまとまりと みて，10と いくつに なるかを かんがえます。

1 □に かずを かきましょう。

❶ 17から 7を ひいた かずは 

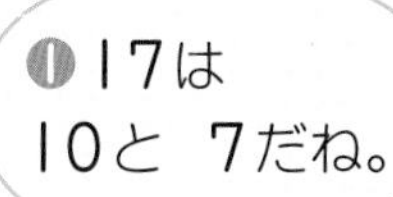

❷ 16から 3を ひいた かずは 

❸ 19から 4を ひいた かずは 

2 ひきざんを しましょう。

❶ 12－2＝□　　❷ 18－8＝□

❸ 11－1＝□　　❹ 13－3＝□

❺ 15－3＝□　　❻ 16－1＝□

❼ 17－5＝□　　❽ 19－7＝□

おうちのかたへ
10をひとまとまりと考えてひき算をします。ひき算もたし算のときと同じように，10といくつになるか，と考えることが大切です。

べんきょうした 日　　月　　日

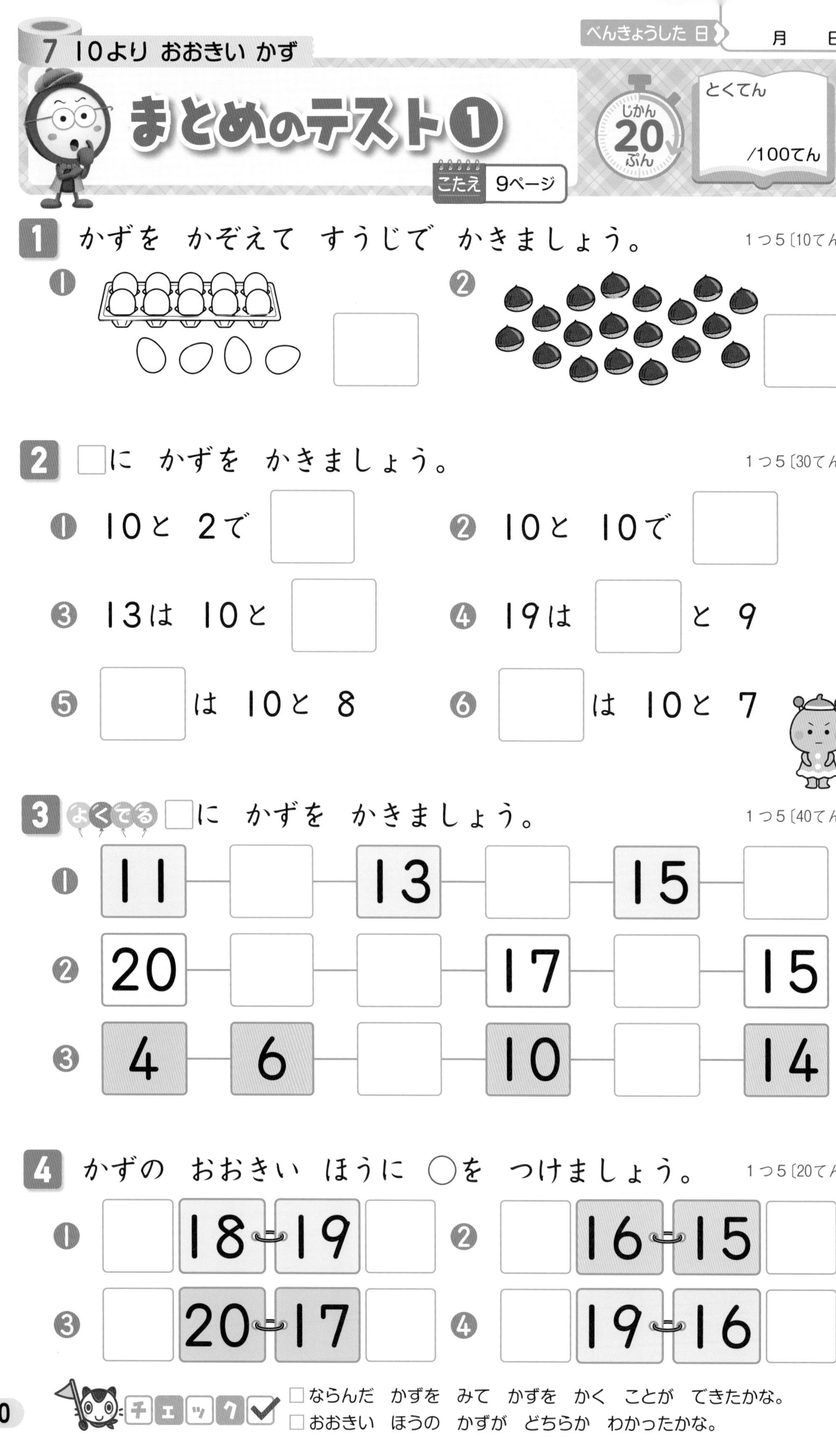

まとめのテスト①

じかん 20ぷん

とくてん　　/100てん

こたえ 9ページ

1 かずを かぞえて すうじで かきましょう。　1つ5〔10てん〕

① □

② □

2 □に かずを かきましょう。　1つ5〔30てん〕

① 10と 2で □

② 10と 10で □

③ 13は 10と □

④ 19は □ と 9

⑤ □ は 10と 8

⑥ □ は 10と 7

3 よくでる □に かずを かきましょう。　1つ5〔40てん〕

① 11 － □ － 13 － □ － 15 － □

② 20 － □ － □ － 17 － □ － 15

③ 4 － 6 － □ － 10 － □ － 14

4 かずの おおきい ほうに ◯を つけましょう。　1つ5〔20てん〕

① □ 18 19 □

② □ 16 15 □

③ □ 20 17 □

④ □ 19 16 □

チェック✓
□ならんだ かずを みて かずを かく ことが できたかな。
□おおきい ほうの かずが どちらか わかったかな。

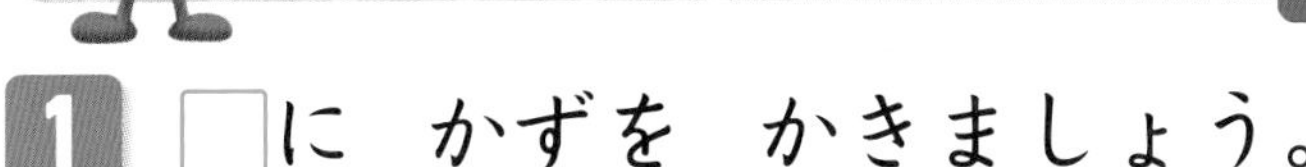まとめのテスト②

じかん 20ぷん

とくてん　　/100てん

こたえ 9ページ

1 □に かずを かきましょう。 1つ5〔30てん〕

❶ 10に 4を たした かずは 

❷ 16に 2を たした かずは 

❸ 18から 4を ひいた かずは 

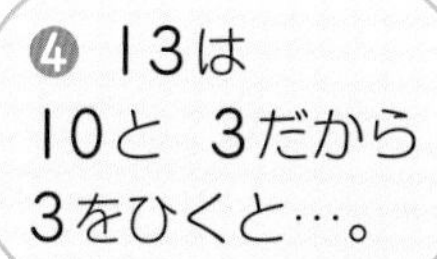

❹ 13から 3を ひいた かずは 

❺ 10に 9を たした かずは 

❻ 19から 7を ひいた かずは 

2 よくでる けいさんを しましょう。 1つ7〔70てん〕

❶ 10+8=□

❷ 10+10=□

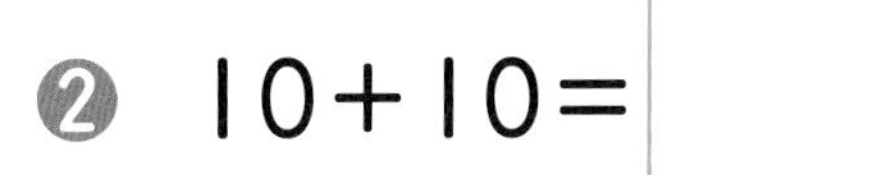

❸ 16+1=□

❹ 10+6=□

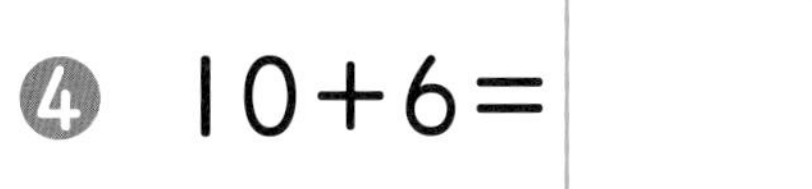

❺ 13+3=□

❻ 19−9=□

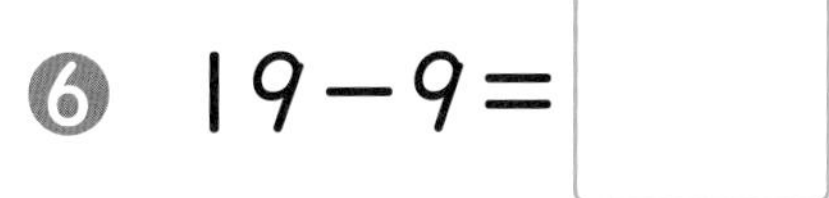

❼ 18−5=□

❽ 17−3=□

❾ 16−6=□

❿ 15−2=□

□たしざんの けいさんが できたかな。
□ひきざんの けいさんが できたかな。

① なんじ なんじはん
きほんのワーク

こたえ 9ページ

やってみよう

☆ つぎの とけいを よみましょう。

❶

5じ

❷

9じはん

たいせつ
みじかい はりが なんじを あらわして います。
なんじ，なんじはんの とけいを よめるように しよう。

1 とけいの よみかたを •—• で むすびましょう。

❶

❷

❸

❹

2じはん	10じはん	8じ	11じ

2 ながい はりを かきましょう。

❶ 6じ

❷ 1じはん

おうちのかたへ　何時，何時半が読めるようにします。短針では「時」を読むこと，長針が6を指すときが半であることをおさえます。日頃から時計を正確に読む習慣をつけておきましょう。

こたえ 9ページ

じかん 20ぷん

とくてん /100てん

1 つぎの とけいを よみましょう。

1つ12〔72てん〕

❶

❷

❸

❹

❺

❻

2 ながい はりを かきましょう。

1つ14〔28てん〕

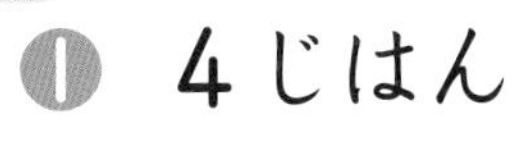

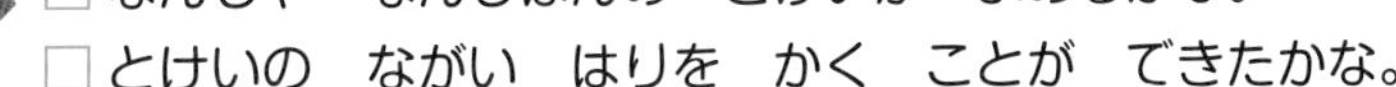

① たしざん
きほんのワーク

こたえ 9ページ

やってみよう

☆ みんなで なんびきに なりましたか。

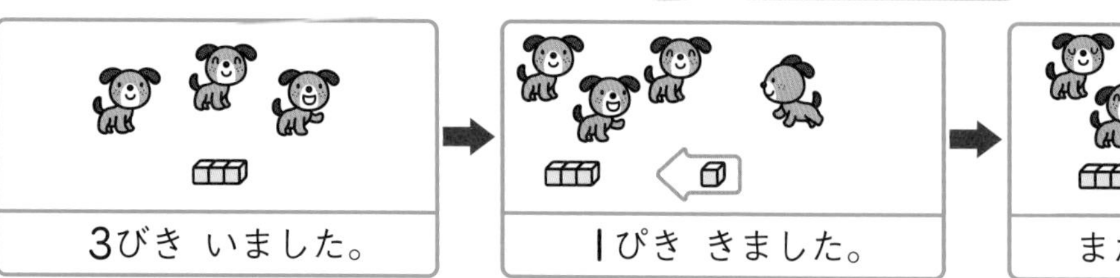

3びき いました。 → 1ぴき きました。 → また 2ひき きました。

しき 3 ＋ □ ＋ □ ＝ □

こたえ □ ぴき

かんがえかた
3＋1＋2の けいさんは，3＋1の こたえに 2を たします。

1 ぜんぶで なんぼんに なりましたか。

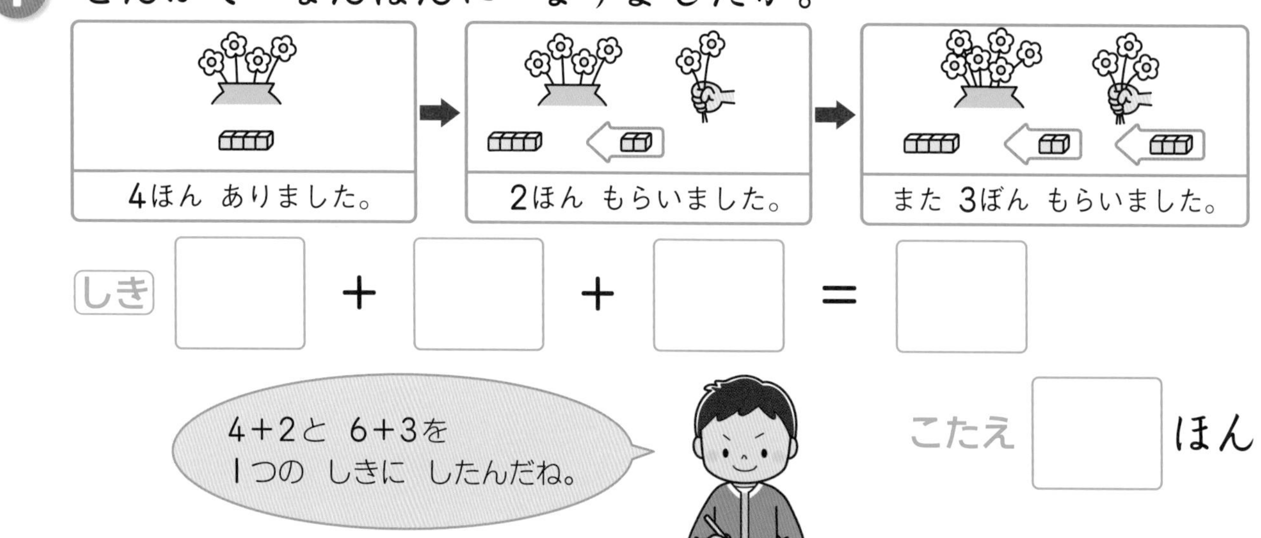

4ほん ありました。 → 2ほん もらいました。 → また 3ぼん もらいました。

しき □ ＋ □ ＋ □ ＝ □

4＋2と 6＋3を
1つの しきに したんだね。

こたえ □ ほん

2 たしざんを しましょう。

❶ 2＋2＋1＝□　❷ 3＋4＋3＝□

❸ 2＋3＋4＝□　❹ 6＋4＋1＝□

❺ 8＋2＋3＝□　❻ 3＋7＋2＝□

おうちのかたへ 3つの数のたし算も1つの式に表せることを学びます。計算は前から順にしましょう。

② ひきざん
きほんのワーク

こたえ 10ページ

やってみよう

☆ みんなで なんびきに なりましたか。

8ひき いました。	1ぴき かえりました。	3びき かえりました。

しき 8 － □ － □ ＝ □

こたえ □ ひき

かんがえかた
8－1－3の けいさんは，8－1の こたえから 3を ひきます。

1 みんなで なんわに なりましたか。

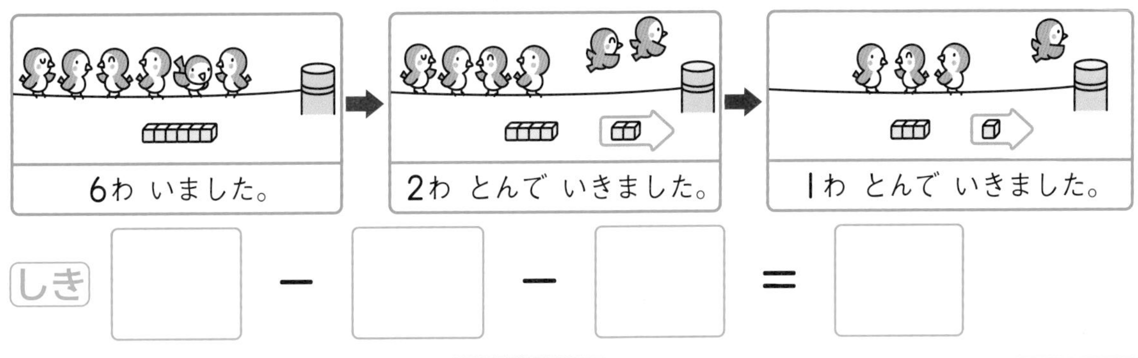

6わ いました。	2わ とんで いきました。	1わ とんで いきました。

しき □ － □ － □ ＝ □

まえから じゅんに けいさんしよう。

こたえ □ わ

2 ひきざんを しましょう。

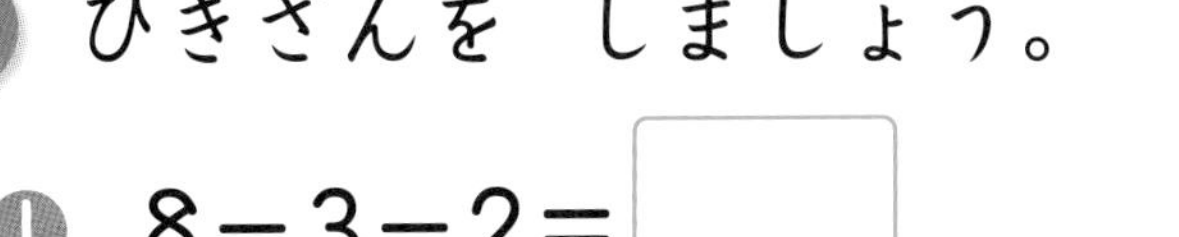

❶ 8－3－2＝□　❷ 9－3－2＝□

❸ 15－5－4＝□　❹ 16－6－3＝□

❺ 14－4－2＝□　❻ 17－7－5＝□

おうちのかたへ 3つの数のひき算も1つの式に表せることを学びます。ひき算も計算は前から順にしましょう。

べんきょうした 日　　月　　日

③ たしざんと ひきざん(1)

きほんのワーク

こたえ 10ページ

やってみよう

☆ みんなで なんびきに なりましたか。

7ひき いました。

2ひき かえりました。

3びき きました。

しき 7 － □ ＋ □ ＝ □

こたえ □ ひき

たいせつ

たしざんと ひきざんが まじって いても まえから じゅんに けいさんします。

1 みんなで なんびきに なりましたか。

6ぴき いました。

4ひき かえりました。

2ひき きました。

しき □ － □ ＋ □ ＝ □

6－4と 2＋2を
1つの しきに したんだね。

こたえ □ ひき

2 けいさんを しましょう。

❶ 8－5＋4＝□

❷ 9－4＋3＝□

❸ 10－8＋3＝□

❹ 10－7＋4＝□

❺ 14－4＋1＝□

❻ 13－3＋2＝□

おうちのかたへ

問題場面をイメージして式に表すことができるようにします。2つに分けた式と1つにまとめた式の答えが同じになることを確認しておきましょう。

④ たしざんと ひきざん(2)

きほんのワーク

こたえ 10ページ

やってみよう

☆ みんなで なんびきに なりましたか。

6ぴき いました。

3びき きました。

4ひき かえりました。

しき 6 ＋ □ － □ ＝ □

こたえ □ ひき

たいせつ
まえから じゅんに けいさんします。

1 みんなで なんこに なりましたか。

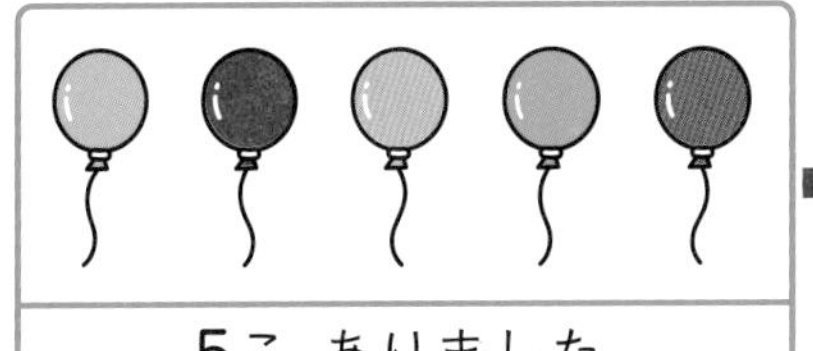

5こ ありました。

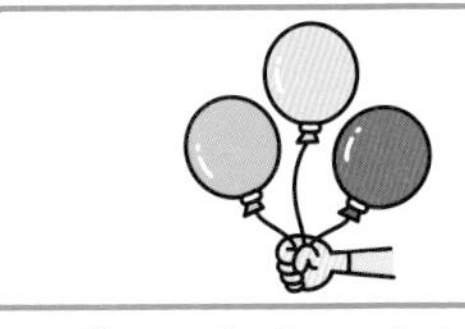

3こ もらいました。

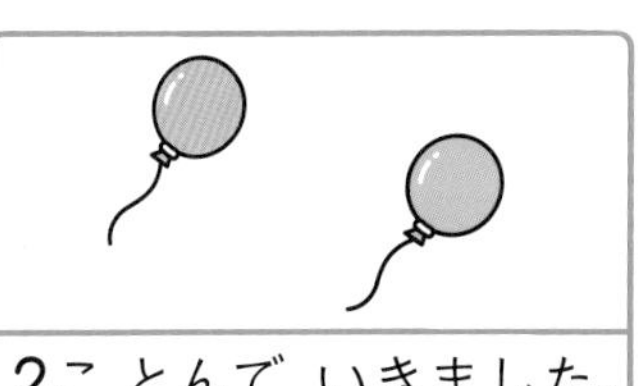

2こ とんで いきました。

しき □ ＋ □ － □ ＝ □

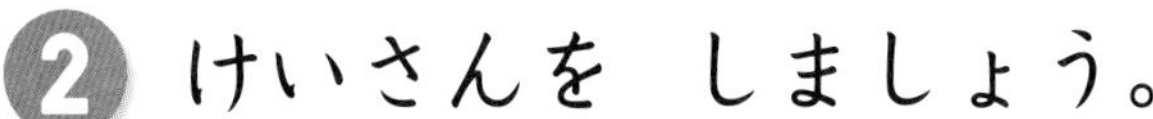

こたえ □ こ

2 けいさんを しましょう。

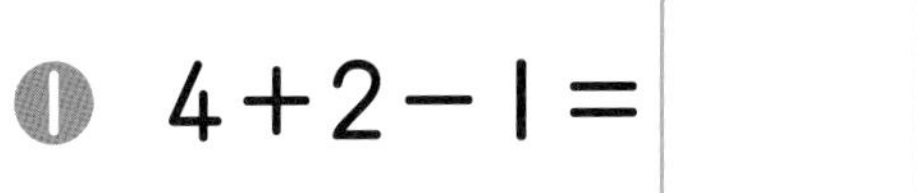

❶ 4＋2－1＝□　　❷ 1＋8－4＝□

❸ 6＋3－2＝□　　❹ 5＋5－6＝□

❺ 1＋9－5＝□　　❻ 2＋8－3＝□

おうちのかたへ　たし算やひき算が混じった計算でも，2つの数のときと同様に計算すればよいことを確認しましょう。前から順に計算することを徹底しましょう。

まとめのテスト①

じかん 20ぷん

とくてん /100てん

こたえ 10ページ

1 えを みて，□に かずを かきましょう。

1つ20〔40てん〕

❶
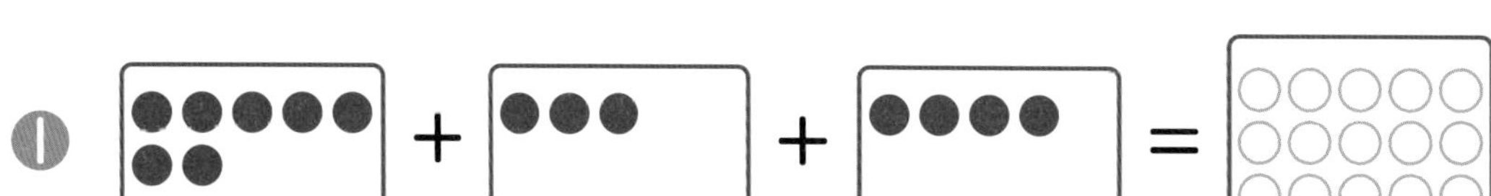

□ ＋ □ ＋ □ ＝ □

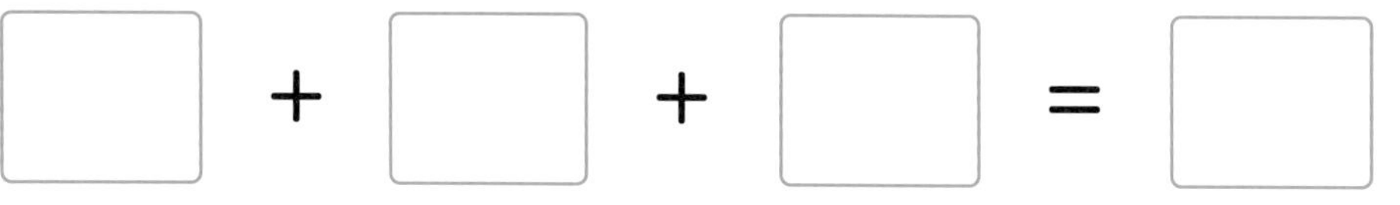

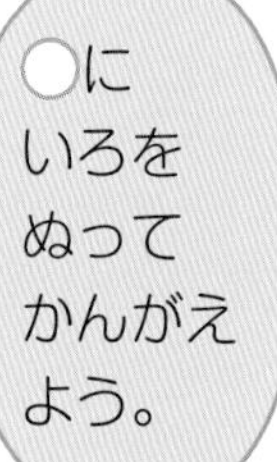

❷
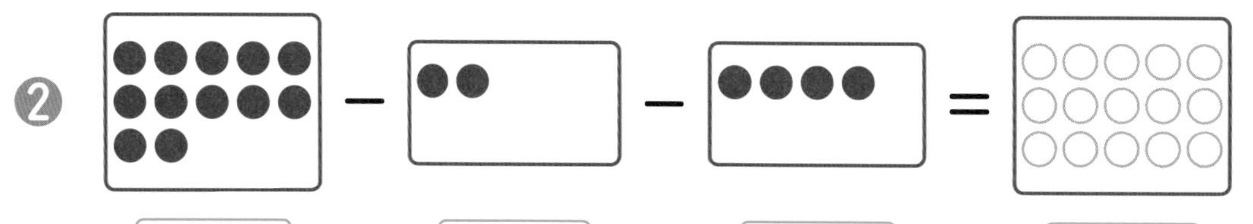

□ − □ − □ ＝ □

2 よくでる けいさんを しましょう。

1つ5〔60てん〕

❶ $4+3+1=$ □

❷ $5+4+1=$ □

❸ $7-3-1=$ □

❹ $7-5-2=$ □

❺ $14-4-3=$ □

❻ $13-3-1=$ □

❼ $2+5-4=$ □

❽ $3+6-2=$ □

❾ $9-7+5=$ □

❿ $10-7+3=$ □

⓫ $6+4-6=$ □

⓬ $9+1-7=$ □

□3つの かずの けいさんを しきに かく ことが できたかな。
□3つの かずの けいさんが できたかな。

まとめのテスト②

じかん 20ぷん

とくてん /100てん

こたえ 11ページ

1 こたえが おなじに なる しきを •—• で むすび, □に こたえを かきましょう。 1つ10〔60てん〕

❶	5+3+1	19−9−2=□
❷	12−2−3	2+6−3=□
❸	10−5+3	3+2−1=□
❹	8+2−5	17−7−1=□
❺	14−4−4	6+4−3=□
❻	10−7+1	10−6+2=□

2 よくでる けいさんを しましょう。 1つ10〔40てん〕

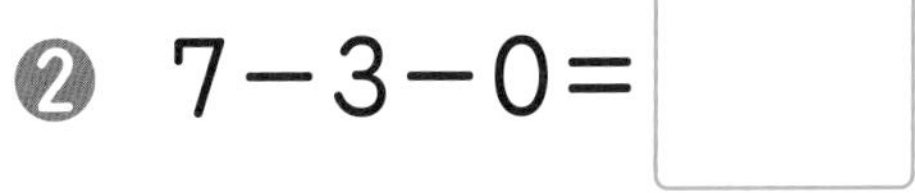

❶ 3+6+0=□　　❷ 7−3−0=□

❸ 18−8−10=□　　❹ 10+9−9=□

□せんで ただしく むすぶ ことが できたかな。
□0の ある 3つの かずの けいさんが できるかな。

べんきょうした 日　月　日

① たしざん(1)

きほんのワーク

こたえ 11ページ

やってみよう

☆ 9+3の けいさんを しましょう。

9に [1] を たして 10

10と [2] で [12]

かんがえかた
9は あと 1で 10。
3を 1と 2に わけて,
10の まとまりを つくります。
のこりの 2を たして 12

1 9+4の けいさんを しましょう。

9+4= □

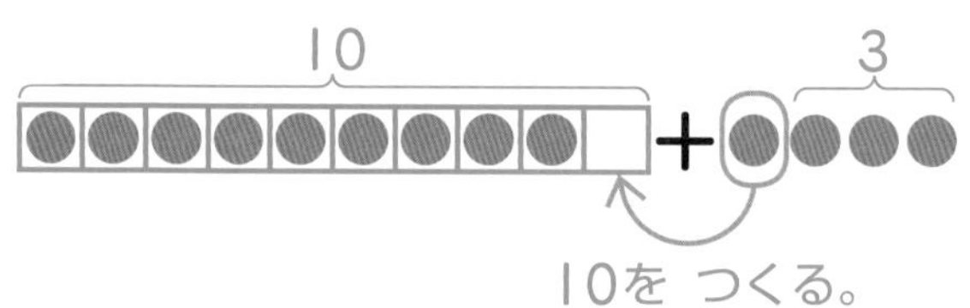

2 ○と □に かずを かきましょう。

❶ 9+2= □

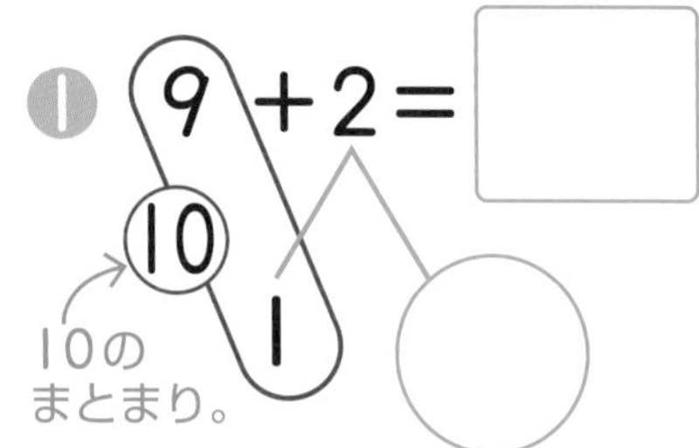

❷ 9+5= □

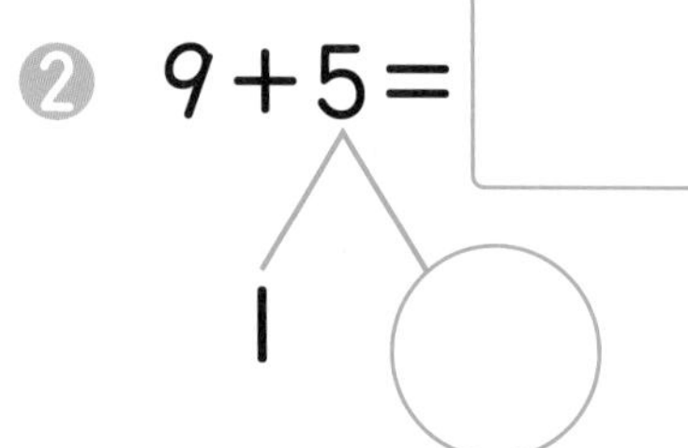

❸ 9+6= □

1 ○

❹ 9+7= □

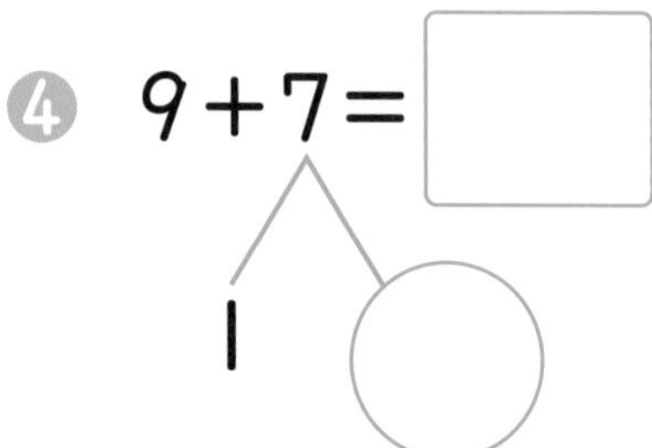

9と 1で
10の
まとまりを
つくろう。

3 たしざんを しましょう。

❶ 9+8= □　　❷ 9+9= □

❸ 9+3= □　　❹ 9+4= □

おうちのかたへ　ここからくり上がりのあるたし算を学習します。初めは9+(1けた)の形を学習します。9+(1けた)では，＋(たす)の後の数を「1といくつ」に分けて計算します。

② たしざん (2)
きほんのワーク

こたえ 11ページ

やってみよう

☆ 8+5の けいさんを しましょう。

8に 2 を たして 10

10と 3 で 13

かんがえかた
8は あと 2で 10。
5を 2と 3に わけて，
10の まとまりを つくります。
のこりの 3を たして 13

1 ずを みて，けいさんを しましょう。

❶ 8+6= □　　❷ 7+4= □

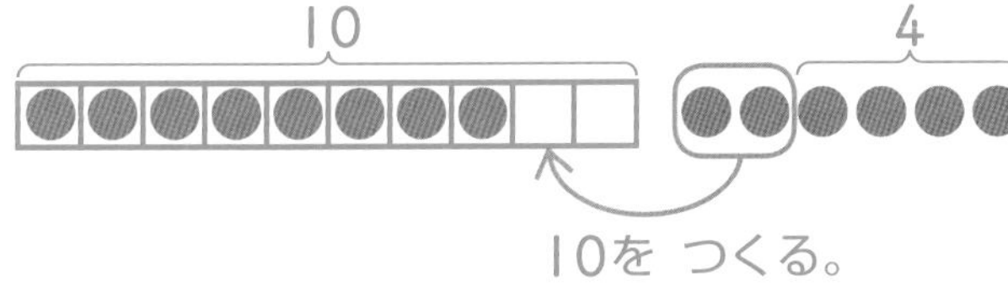

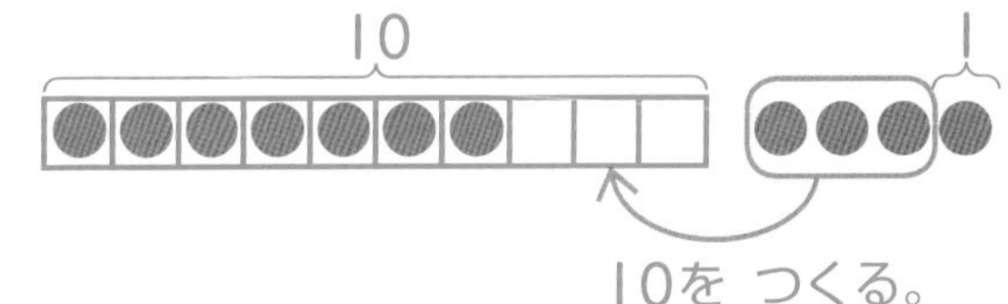

2 ○と □に かずを かきましょう。

❶ 8+4= □
(10) 2 ○

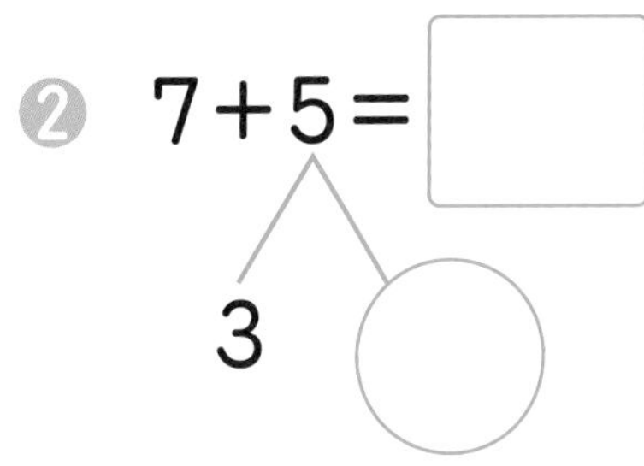

❷ 7+5= □
3 ○

3 たしざんを しましょう。

❶ 8+3= □　　❷ 7+6= □

❸ 8+7= □　　❹ 7+7= □

❺ 8+9= □　　❻ 7+9= □

おうちのかたへ　次は8+(1けた)，7+(1けた)のくり上がりのあるたし算を学習します。10のまとまりをつくって考えていきます。

③ たしざん(3)

きほんのワーク

こたえ 11ページ

やってみよう

☆6+7の けいさんを しましょう。

6に 4 を たして 10

10と 3 で 13

かんがえかた

6は あと 4で 10。
7を 4と 3に わけて，
10の まとまりを つくります。
のこりの 3を たして 13

6+7（⑩ 4 3）

1 ずを みて けいさんを しましょう。

❶ 5+7=□

10を つくる。

❷ 4+8=□

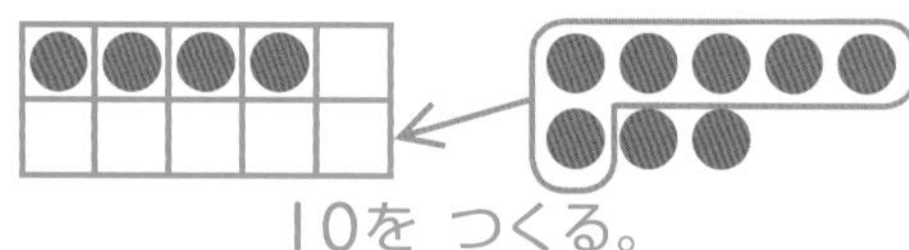

10を つくる。

2 ○と □に かずを かきましょう。

❶ 6+5=□

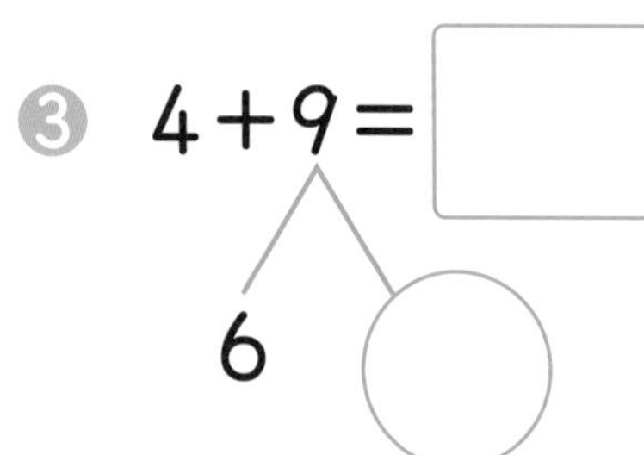

❷ 5+8=□

5 ○

たして
10に なる
くみあわせを
かくにん
しよう。

❸ 4+9=□

6 ○

❹ 6+6=□

4 ○

3 たしざんを しましょう。

❶ 5+9=□

❷ 4+7=□

❸ 6+9=□

❹ 5+6=□

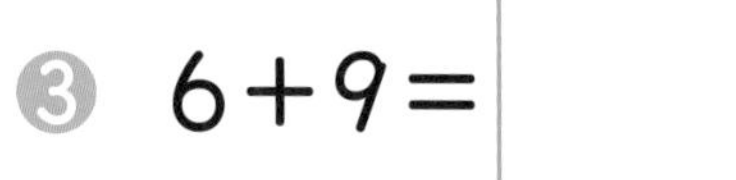

おうちのかたへ 4+(1けた)，5+(1けた)，6+(1けた)で，くり上がりのあるたし算を学習します。速く計算することも大切ですが，それ以上に確実に計算することが重要です。

❹ たしざんを しましょう。

❶ 4+9=□　　❷ 5+7=□

❸ 6+7=□　　❹ 8+4=□

❺ 5+6=□　　❻ 9+5=□

❼ 7+7=□　　❽ 6+9=□

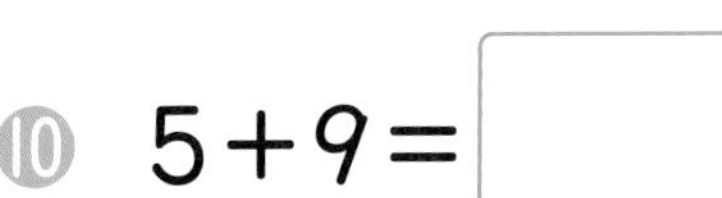

❾ 4+8=□　　❿ 5+9=□

⓫ 6+6=□　　⓬ 4+7=□

⓭ 8+7=□　　⓮ 6+8=□

⓯ 5+8=□　　⓰ 8+3=□

❺ まんなかの かずと まわりの かずを たしましょう。

❶

7

4　5　8　9　7　6

12

7+5=12
です。

❷

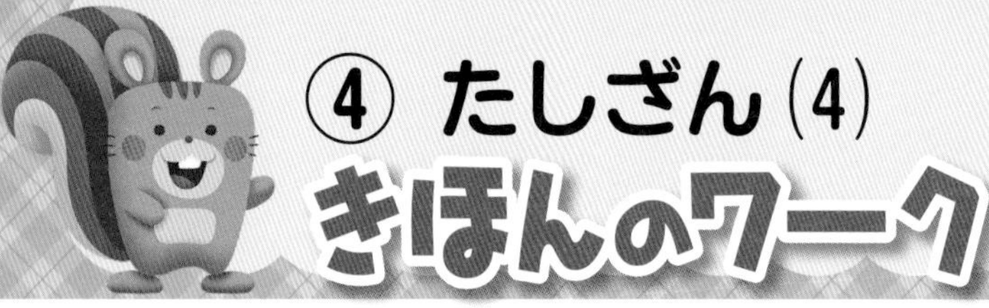

④ たしざん(4)

こたえ 12ページ

やってみよう

☆ 4+9を　2つの　やりかたで　けいさんしましょう。

❶ 4を　10に　する。

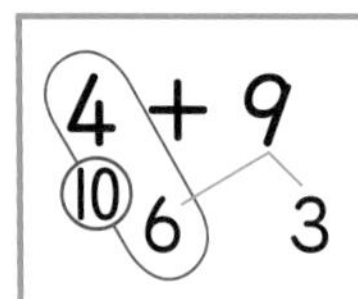

4に [6] を　たして　10

10と [ ] で [ ]

❷ 9を　10に　する。

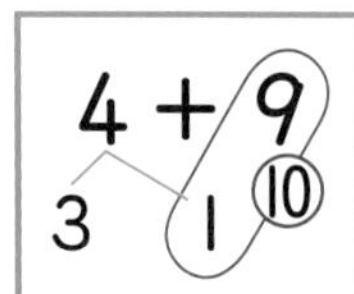

9に [1] を　たして　10

10と [ ] で [ ]

たいせつ

4を　10に　する　やりかたと，9を　10に　する　やりかたが　あります。

1 3+8を　2つの　やりかたで　けいさんしましょう。

❶ 3+8= [ ]

7 ○

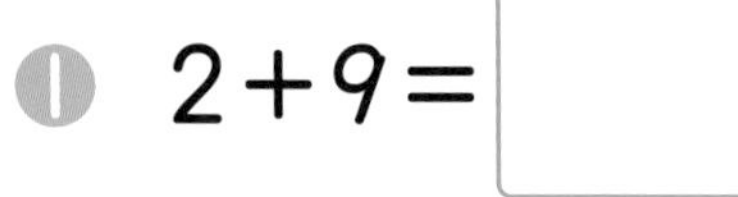

10を　つくる。

❷ 3+8= [ ]

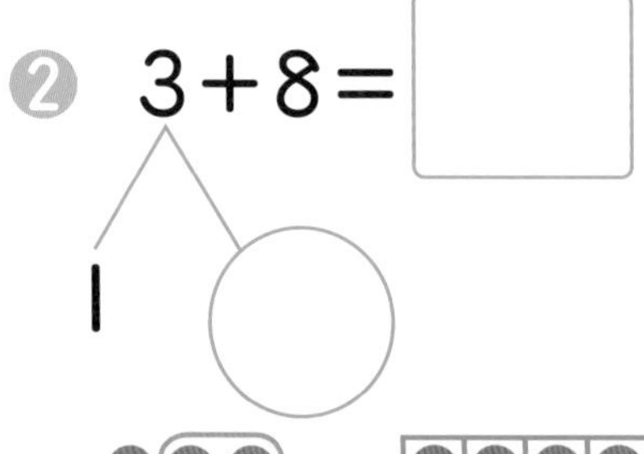

1 ○

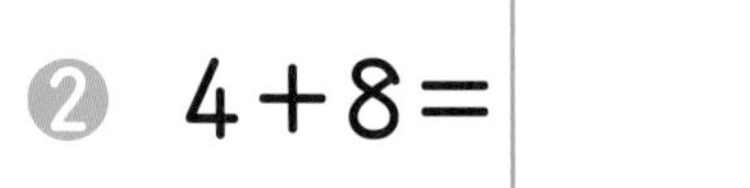

10を　つくる。

2 たしざんを　しましょう。

❶ 2+9= [ ]　　❷ 4+8= [ ]

❸ 6+7= [ ]　　❹ 5+8= [ ]

❺ 4+7= [ ]　　❻ 8+9= [ ]

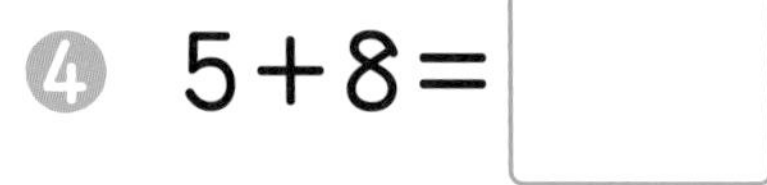

おうちのかたへ

＋(たす)の後の数を2つに分けて10のまとまりをつくるやりかたと，＋の前の数を2つに分けて10のまとまりをつくるやりかたを学びます。状況に応じて使い分けましょう。

❸ たしざんを　しましょう。

① 3+9=□　　② 4+8=□

③ 7+8=□　　④ 6+9=□

⑤ 2+9=□　　⑥ 3+8=□

⑦ 8+9=□　　⑧ 6+7=□

⑨ 5+7=□　　⑩ 4+9=□

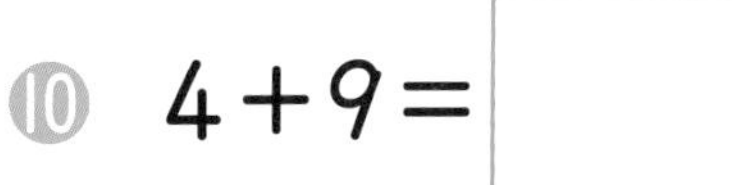

⑪ 8+8=□　　⑫ 5+8=□

⑬ 7+9=□　　⑭ 5+9=□

⑮ 6+8=□　　⑯ 4+7=□

❹ こたえが　13より　ちいさくなる　カード（かあど）に　◯を　つけましょう。

① 8+6 □　　② 3+9 □

③ 7+7 □　　④ 7+5 □

⑤ 5+6 □　　⑥ 9+6 □

べんきょうした 日　月　日

まとめのテスト①

じかん 20ぷん

とくてん　/100てん

こたえ 12ページ

1 8+5の けいさんを します。□に かずを かきましょう。　1つ5〔20てん〕

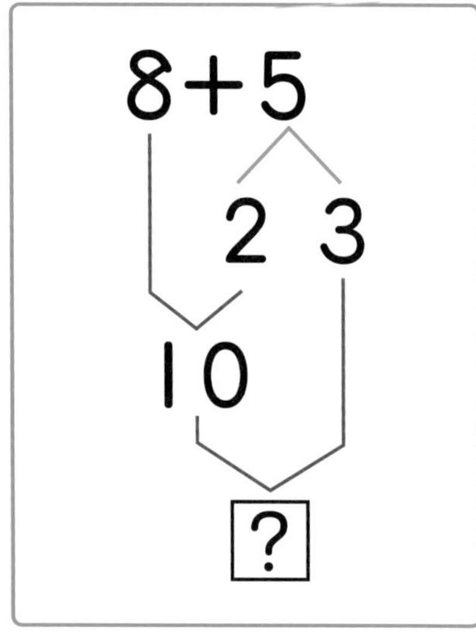

❶ 8は あと 2で 10

❷ 5を □ と 3に わける。

❸ 8と □ で 10

❹ 10と □ で □

2 よくでる たしざんを しましょう。　1つ7〔56てん〕

❶ 7+7=□　　❷ 3+9=□

❸ 6+8=□　　❹ 9+5=□

❺ 2+9=□　　❻ 3+8=□

❼ 5+6=□　　❽ 7+4=□

チャレンジ! **3** こたえが 12に なる たしざんカード(かあど)を つくります。□に かずを かきましょう。　1つ6〔24てん〕

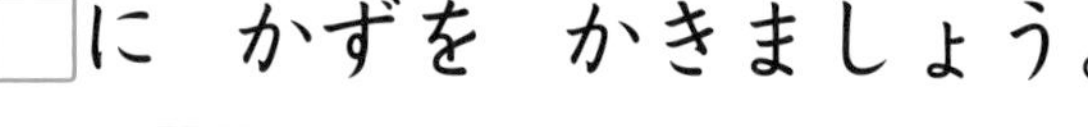

❶ 6+□　　❷ 9+□

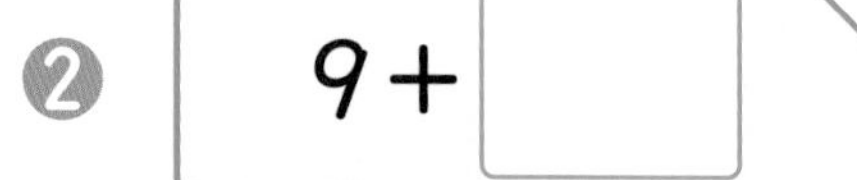

❸ 8+□　　❹ 7+□

チェック✓
□くりあがりの ある たしざんの しくみが わかったかな。
□くりあがりの ある たしざんが できたかな。

まとめのテスト②

じかん 20ぷん

とくてん　　/100てん

こたえ 12ページ

1 こたえが　おなじに　なる　しきを　•—•で　むすび，□に
こたえを　かきましょう。

1つ10〔50てん〕

① 8+7 •		• 2+9=□
② 6+8 •		• 9+6=□
③ 6+5 •		• 5+8=□
④ 5+7 •		• 7+7=□
⑤ 7+6 •		• 8+4=□

2 まんなかの　かずと　まわりの　かずを　たしましょう。

ぜんぶ　できて　1つ25〔50てん〕

①

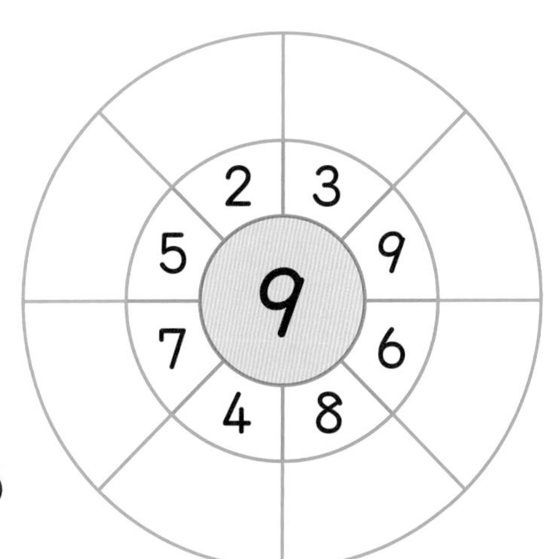

②

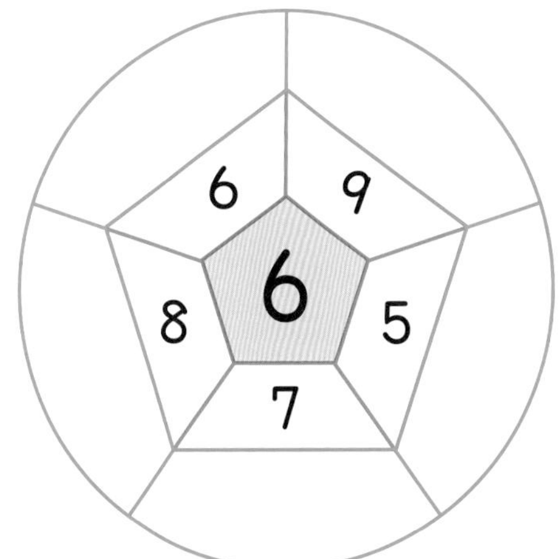

□せんで　ただしく　むすぶ　ことが　できたかな。
□くりあがりの　ある　たしざんが　できるかな。

① ひきざん(1)

きほんのワーク

こたえ 13ページ

やってみよう

☆ 14−9の けいさんを しましょう。

10から [9] を ひいて 1

1と [4] で [5]

かんがえかた
14を 10と 4に わける。
14−9
10 4
10から 9を ひいて 1
1と のこりの 4で 5

1 15−9の けいさんを しましょう。

15−9= □

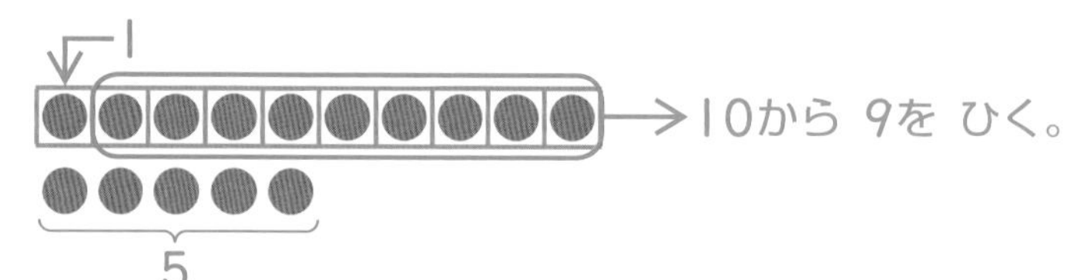

2 ○と □に かずを かきましょう。

❶ 12−9= □
10 ○

❷ 16−9= □
10 ○

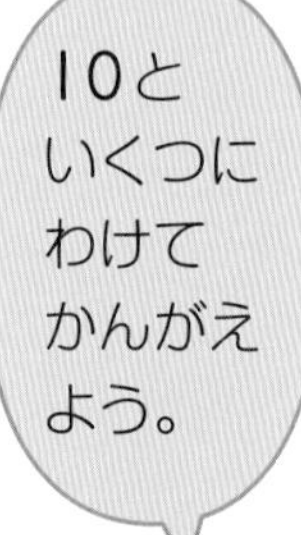

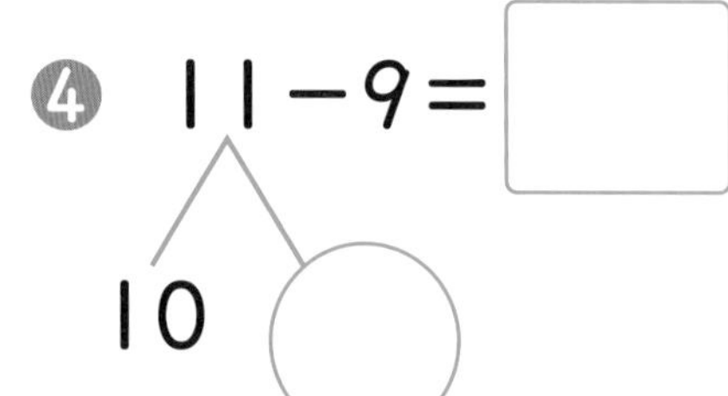

❸ 18−9= □
10 ○

❹ 11−9= □
10 ○

3 ひきざんを しましょう。

❶ 17−9= □

❷ 13−9= □

❸ 14−9= □

❹ 15−9= □

おうちのかたへ (10いくつ)−9の形の，くり下がりのあるひき算を学習します。くり下がりのあるひき算はつまずきがちな内容なので，しっかりと見てあげてください。

② ひきざん(2)
きほんのワーク

やってみよう

☆16−8の　けいさんを　しましょう。

10から [8] を　ひいて　2

2と [6] で [8]

かんがえかた
16を　10と
6に　わける。
16−8
10 6
10から　8を　ひいて　2
2と　のこりの　6で　8

1 ずを　みて，けいさんを　しましょう。

❶ 13−8=□

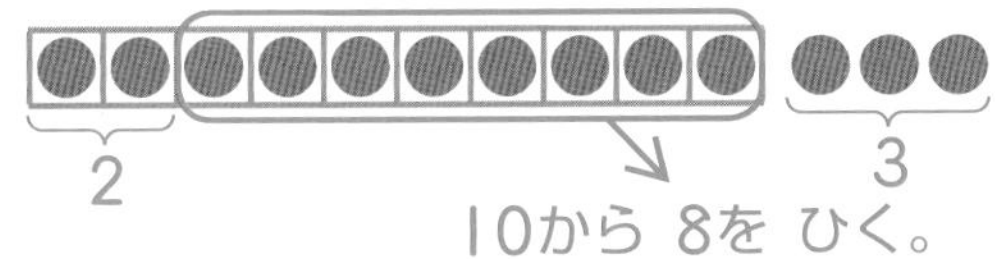

❷ 15−7=□

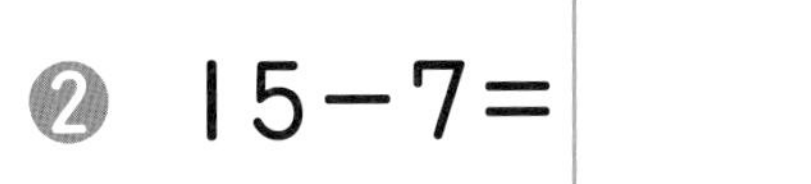

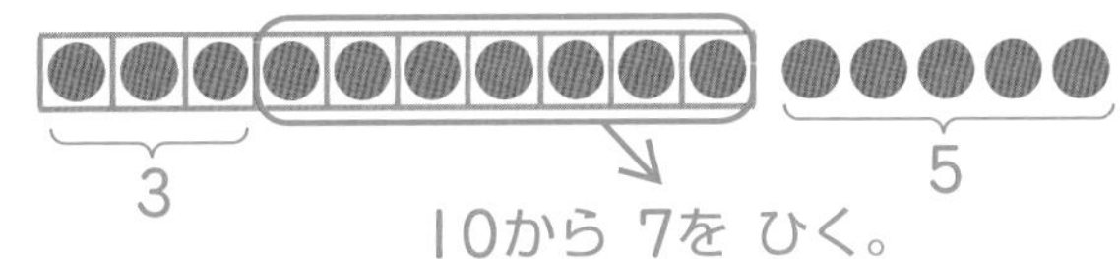

2 ○と　□に　かずを　かきましょう。

❶ 15−8=□
10 ○

❷ 12−7=□

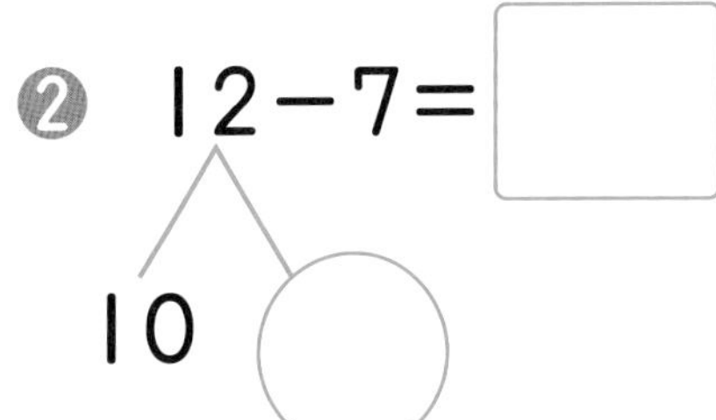

10 ○

3 ひきざんを　しましょう。

❶ 14−8=□　❷ 13−7=□

❸ 11−8=□　❹ 14−7=□

❺ 12−8=□　❻ 11−7=□

おうちのかたへ　(10いくつ)−8，(10いくつ)−7の形のくり下がりのあるひき算を学習します。くり下がりのあるひき算は10といくつをつくり，その10からひくことが基本です。

③ ひきざん(3)

きほんのワーク

こたえ 13ページ

やってみよう

☆ 13−6の けいさんを しましょう。

10から 6 を ひいて 4

4と 3 で 7

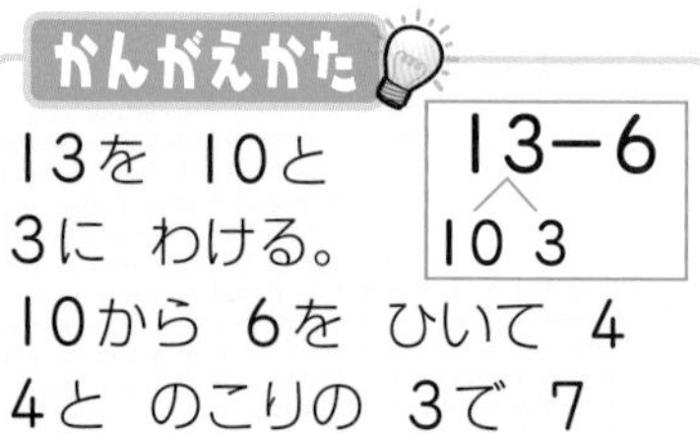

1 ずを みて，けいさんを しましょう。

❶ 14−6= □

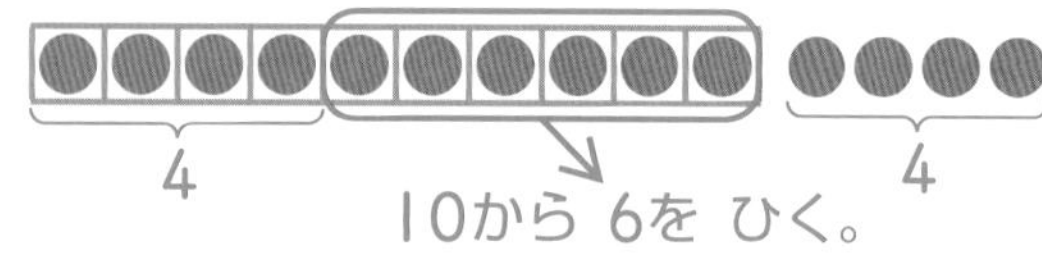

❷ 12−5= □

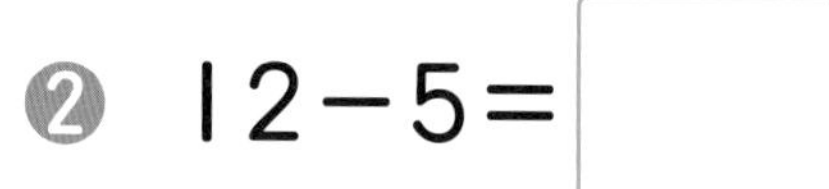

2 □と ○に かずを かきましょう。

❶ 12−9= □

10 ○

❷ 11−6= □

10 ○

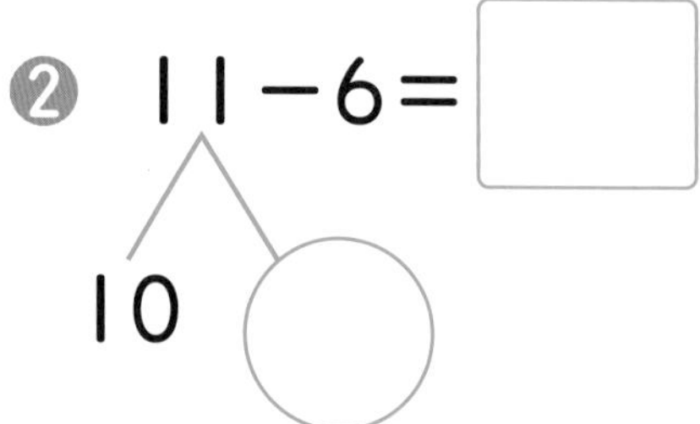

3 ひきざんを しましょう。

❶ 11−8= □　　❷ 12−6= □

❸ 13−5= □　　❹ 15−6= □

❺ 11−5= □　　❻ 13−7= □

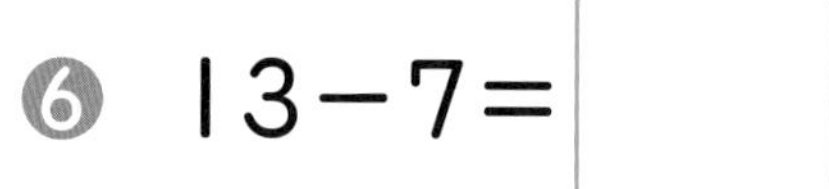

おうちのかたへ　くり下がりのあるひき算の練習です。間違えた問題は，できるだけくり返し練習しましょう。速く計算するよりも，確実に計算できるようになることが大切です。

4 ひきざんを しましょう。

① 14−5=

② 18−9=

③ 12−8=

④ 13−6=

⑤ 17−8=

⑥ 16−7=

⑦ 14−9=

⑧ 15−6=

⑨ 16−8=

⑩ 11−7=

⑪ 13−9=

⑫ 14−8=

⑬ 15−8=

⑭ 16−9=

⑮ 12−7=

⑯ 17−9=

5 まんなかの かずから まわりの かずを ひきましょう。

①

まんなか: 13
まわり: 9, 7, 6, 4, 5, 8
（例）6

13−7=6
です。

②

まんなか: 11
まわり: 9, 5, 8, 4, 7, 6

べんきょうした 日　　月　　日

④ ひきざん(4)
きほんのワーク

やってみよう

☆ 12−3を 2つの やりかたで けいさんしましょう。

❶ 12を 10と 2に わける。

12−3
10 2

10から 3 を ひいて 7

7と □ で □

❷ 3を 2と 1に わける。

12−3
2 1

12 から 2を ひいて 10

□ から 1を ひいて 9

たいせつ

12を 10と 2に わける やりかたと，3を 2と 1に わける やりかたが あります。

1 13−5を 2つの やりかたで けいさんしましょう。

❶ 13−5=□

10 ○

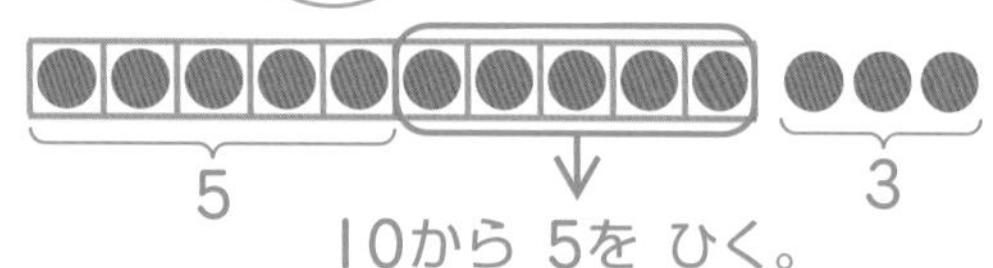

❷ 13−5=□

3 ○

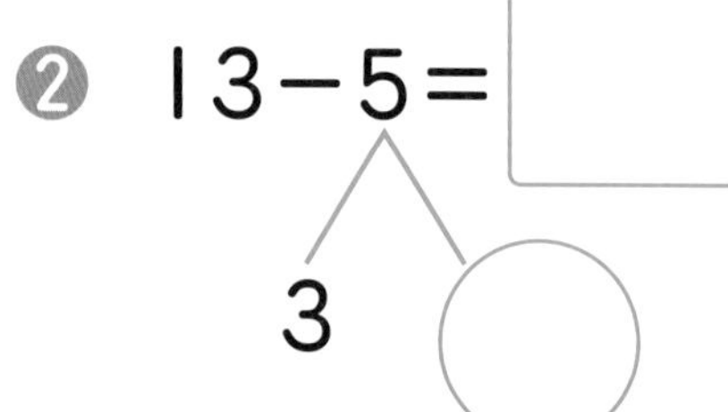

❷10から 2を ひく。 ❶13から 3を ひく。（10を つくる）

2 ひきざんを しましょう。

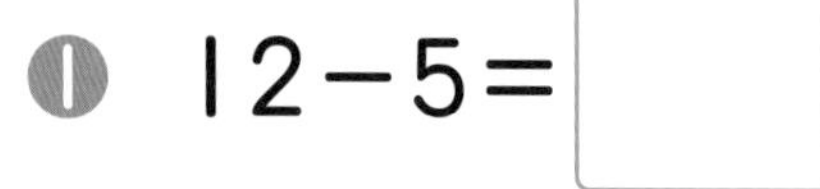

❶ 12−5=□

❷ 13−6=□

❸ 13−7=□

❹ 11−2=□

❺ 14−7=□

❻ 11−5=□

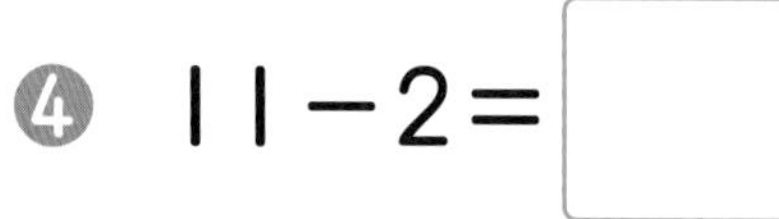

おうちのかたへ　くり下がりのあるひき算の方法には2通りあります。おもに☆❶の減加法を学びますが，❷の減減法が便利なこともあります。状況に応じて使い分けましょう。

③ ひきざんを　しましょう。

① 12−6=□　　② 15−8=□

③ 16−7=□　　④ 11−3=□

⑤ 13−4=□　　⑥ 17−8=□

⑦ 15−6=□　　⑧ 12−4=□

⑨ 11−4=□　　⑩ 14−5=□

⑪ 13−6=□　　⑫ 16−8=□

⑬ 12−7=□　　⑭ 13−8=□

⑮ 14−6=□　　⑯ 12−5=□

④ こたえが　7より　おおきくなる　カード(かあど)に　○を
つけましょう。

① 14−8 □　　② 11−6 □

⑤ 15−7 □　　⑥ 12−3 □

まとめのテスト①

こたえ 14ページ

1 14−8の けいさんを します。□に かずを かきましょう。

1つ5〔20てん〕

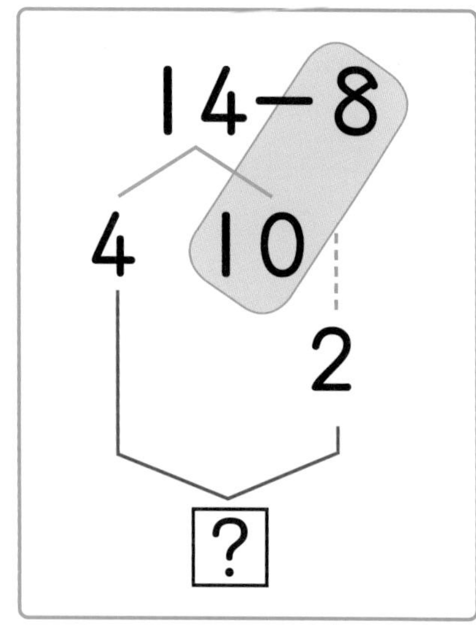

❶ 14は □ と 4

❷ 10から □ を ひいて 2

❸ 2と □ で □

2 よくでる ひきざんを しましょう。

1つ7〔56てん〕

❶ 13−8=□　　❷ 11−3=□

❸ 14−7=□　　❹ 15−6=□

❺ 17−9=□　　❻ 18−9=□

❼ 12−4=□　　❽ 13−7=□

チャレンジ！ **3** こたえが 6に なる ひきざん<ruby>カード</ruby>（かあど）を つくります。□に かずを かきましょう。

1つ6〔24てん〕

❶ 12−□　　❷ 15−□

❸ 11−□　　❹ 13−□

□くりさがりの ある ひきざんの しくみが わかったかな。
□くりさがりの ある ひきざんが できたかな。

まとめのテスト②

こたえ 14ページ

じかん 20ぷん

とくてん /100てん

1 こたえが おなじに なる しきを •—• で むすび，□に こたえを かきましょう。

1つ10〔50てん〕

❶	18−9 •	• 12−8=□
❷	13−7 •	• 14−9=□
❸	14−6 •	• 12−3=□
❹	13−9 •	• 12−6=□
❺	11−6 •	• 15−7=□

2 まんなかの かずから まわりの かずを ひきましょう。

ぜんぶ できて 1つ25〔50てん〕

❶

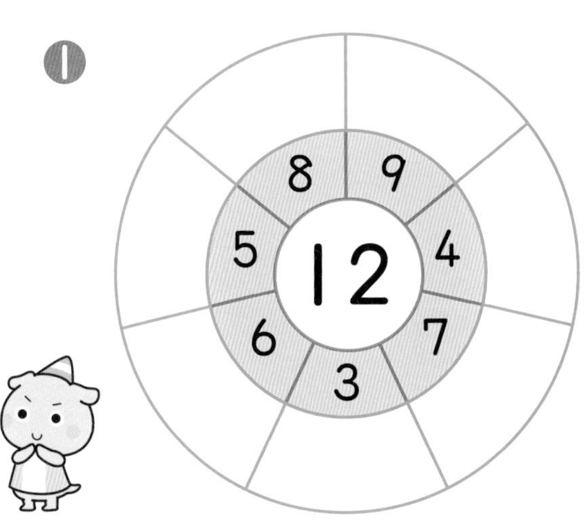

❷

14

7 8 9 6 5

チェック
□みぎと ひだりを ただしく むすぶ ことが できたかな。
□くりさがりの ある ひきざんが できるかな。

① かぞえかたと かきかた(1)

きほんのワーク

こたえ 14ページ

やってみよう

☆ かずを すうじで かきましょう。

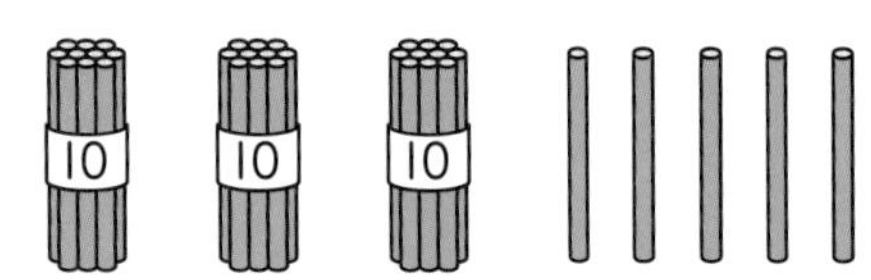

10が 3こで 30

30と 5で 35

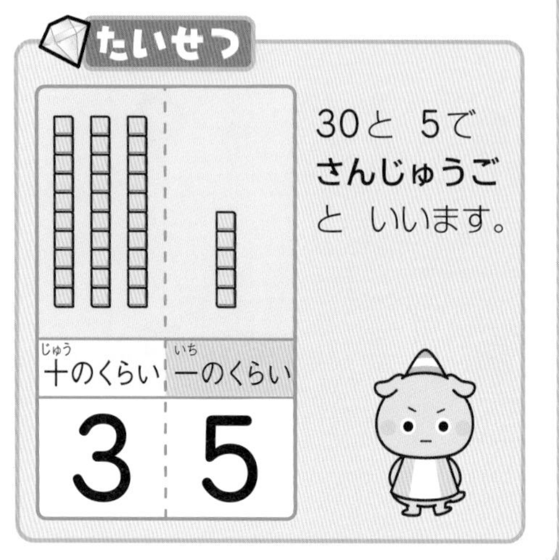

1 かずを すうじで かきましょう。

❶

十のくらい	一のくらい
2	4

❷

十のくらい	一のくらい

❸

十のくらい	一のくらい

2 かずを かぞえて すうじで かきましょう。

❶

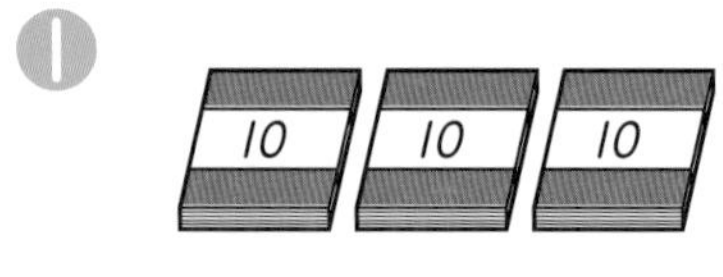

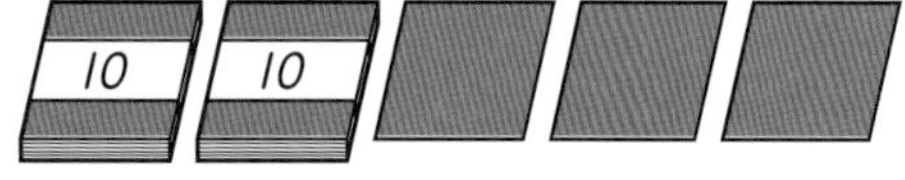

❷

おうちのかたへ　20より大きい数の数え方を学びます。10のまとまりがいくつと，ばらがいくつあるかを考えます。算数ブロックや数え棒を活用してみてください。

② かぞえかたと かきかた (2)

きほんのワーク

こたえ 14ページ

やってみよう

☆ かずを かぞえて すうじで かきましょう。

ぜんぶで 36

かんがえかた
10の まとまりを せんで かこんで かんがえます。
10の まとまりが 3つと ばらが 6つ あります。

1 かずを かぞえて すうじで かきましょう。

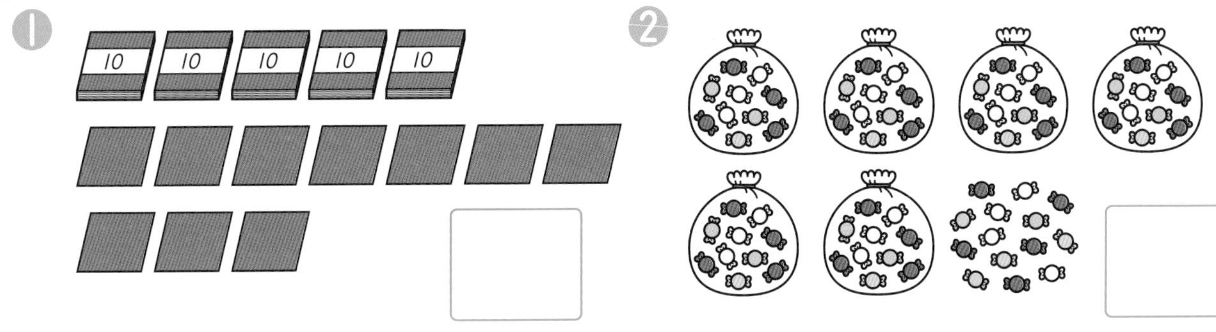

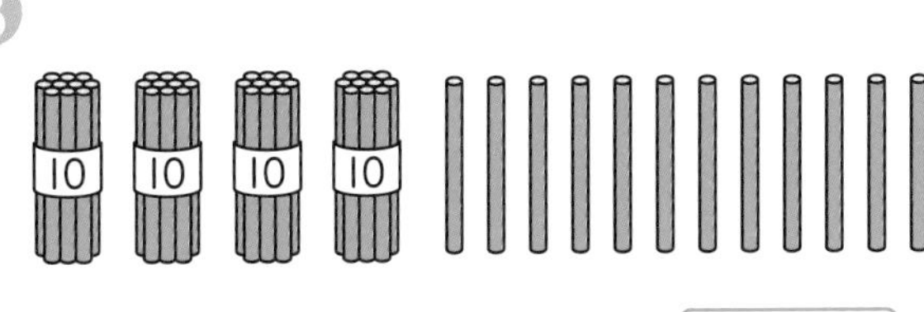

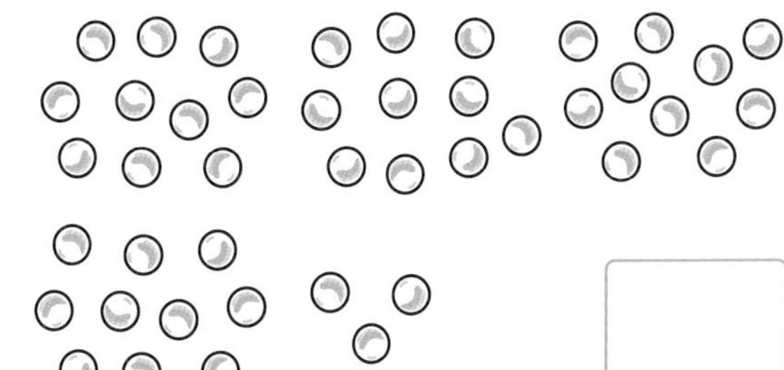

2 とりの かずを かぞえて すうじで かぞえましょう。

おうちのかたへ
10がいくつ，ばらがいくつあるかで数を表します。数え落としや重複を避けるために，線で囲んで10をつくりながら数えましょう。

べんきょうした 日　月　日

③ かずの しくみ
きほんのワーク

こたえ 14ページ

やってみよう

☆57を あらわしましょう。

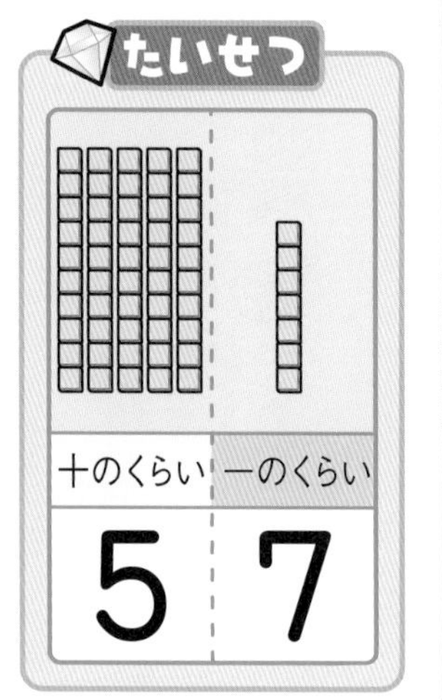

❶ 10が [5] こと [7] で 57

❷ 57は，十（じゅう）のくらいが [5] で，一（いち）のくらいが [7] です。

1 □に かずを かきましょう。

❶ 10が 6こと 1が 2こで □

❷ 10が 4こで □

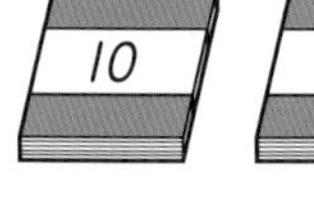
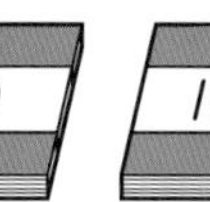

❸ 76は，10が □ こと 1が □ こ。

❹ 80は，10が □ こ。

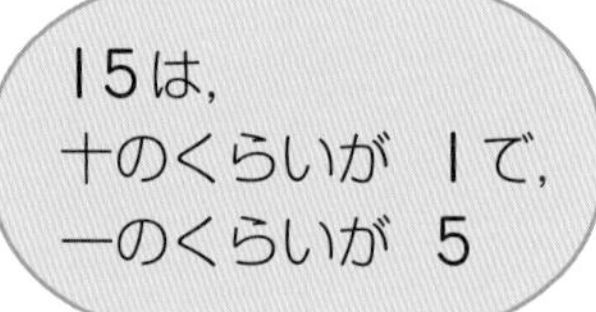

2 つぎの かずを かきましょう。

❶ 十のくらいが 2，一のくらいが 4の かず　□

❷ 十のくらいが 5，一のくらいが 9の かず　□

❸ 十のくらいが 9，一のくらいが 0の かず　□

おうちのかたへ　10がいくつ，1がいくつで2けたの数を表します。十の位，一の位の意味もおさえます。57の7を「7のくらい」とする誤りもあるので，注意しましょう。

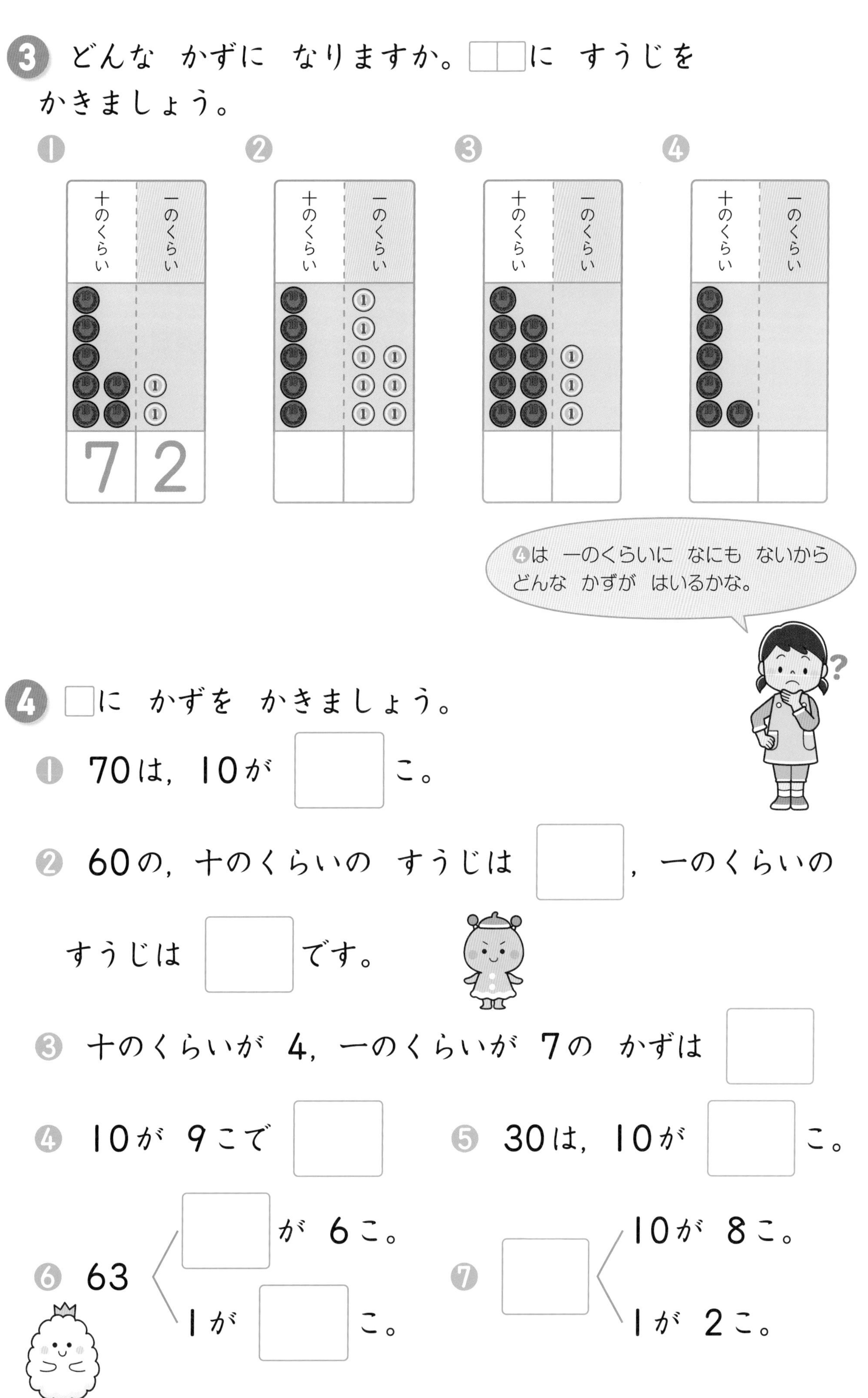

3 どんな　かずに　なりますか。□□に　すうじを　かきましょう。

❶

十のくらい	一のくらい
7	2

❷

十のくらい	一のくらい

❸

十のくらい	一のくらい

❹

十のくらい	一のくらい

4 □に　かずを　かきましょう。

❶ 70は，10が □ こ。

❷ 60の，十のくらいの　すうじは □，一のくらいの　すうじは □ です。

❸ 十のくらいが　4，一のくらいが　7の　かずは □

❹ 10が　9こで □

❺ 30は，10が □ こ。

❻ 63 < □ が　6こ。／1が □ こ。

❼ □ < 10が　8こ。／1が　2こ。

べんきょうした 日　月　日

④ 100と いう かず

きほんのワーク

こたえ 15ページ

やってみよう

☆ □に かずを かきましょう。

❶ 10が 10こで 100 です。

❷ 100は □ より 1 おおきい かずです。

たいせつ

10を 10こ あつめた かずを「百（ひゃく）」と いいます。百は 100と かきます。
…97, 98, 99, 100, …

1 □に かずを かきましょう。

❶ 100は 10を □ こ あつめた かずです。

❷ 100より 1 ちいさい かずは □ です。

2 いくつ ありますか。かずを かきましょう。

❶

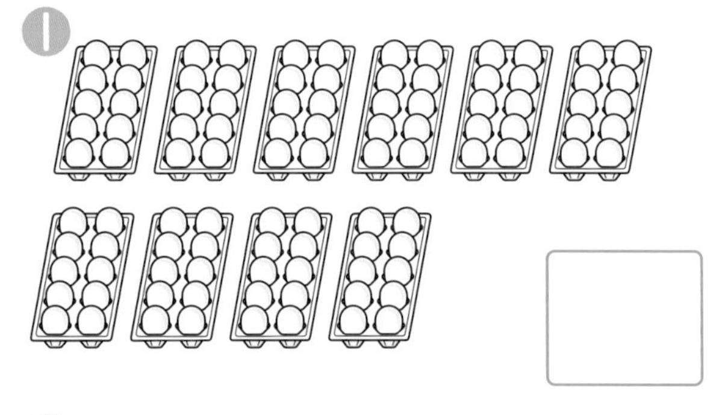

□

❷

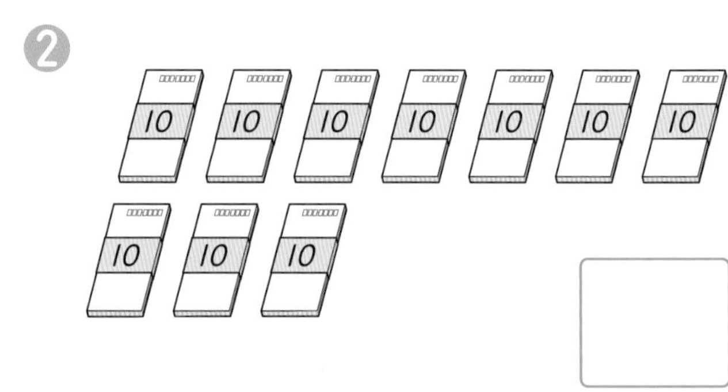

□

❸

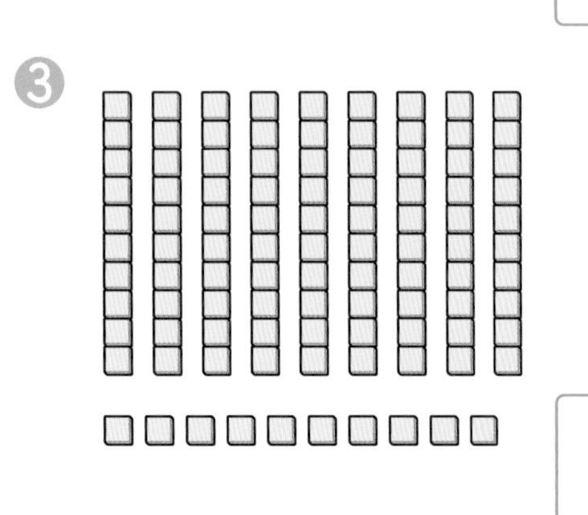

□

❹

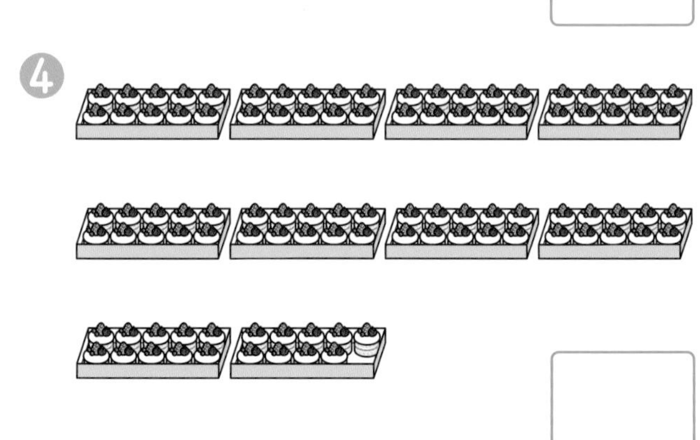

□

おうちのかたへ　10が10個集まると100になることを学びます。1年生では120程度までの数を学習します。10ずつまとめて数えましょう。

⑤ かずの ならびかた(1)

きほんのワーク

こたえ 15ページ

やってみよう

☆ みぎの ならびかたしらべを みて かんがえましょう。

❶ よこに ならんだ かずは
□ のくらいが おなじです。

❷ たてに ならんだ かずは
□ のくらいが おなじです。

ならびかたしらべ

0	1	2	3	4	5	6	7	8	9
10	11	12	13	14	15	16	17	18	19
20	21	22	23	24	25	26	27	28	29
30	31	32	33	34	35	36	37	38	39
40	41	42	43	44	45	46	47	48	49
50	51	52	53	54	55	56	57	58	59
60	61	62	63	64	65	66	67	68	69
70	71	72	73	74	75	76	77	78	79
80	81	82	83	84	85	86	87	88	89
90	91	92	93	94	95	96	97	98	99
100									

ならびかたを おぼえよう。

1 つぎの かずを ぜんぶ かきましょう。

❶ 一(いち)のくらいが 7の かず

□

❷ 十(じゅう)のくらいが 7の かず

□

2 □に あう かずを かきましょう。

❶ □　❷ □　❸ □

❹ □　❺ □　❻ □

❼ □　❽ □　❾ □

0	1	2	3	4	5	6	❶	8	9
10	11	12	13	14	15	16	17	18	19
20	21	❷	23	24	25	26	27	28	29
30	31	32	33	34	❸	36	37	38	39
40	41	42	❹	44	45	46	47	48	49
50	51	52	53		55	56	57	❺	59
60	61	62		❻			67		❼
70		❽	73	74		❾		78	79

おうちのかたへ
数の表を見て，一の位の数，十の位の数の並び方を学びます。
表を見ながら，数の並び方の規則性を，お子さんと一緒に見つけてみましょう。

べんきょうした 日　月　日

⑥ かずの ならびかた(2)

きほんのワーク

こたえ 15ページ

やってみよう

☆ つぎの かずを しらべましょう。

❶ 30より 5 おおきい かず □

❷ 60より 4 ちいさい かず □

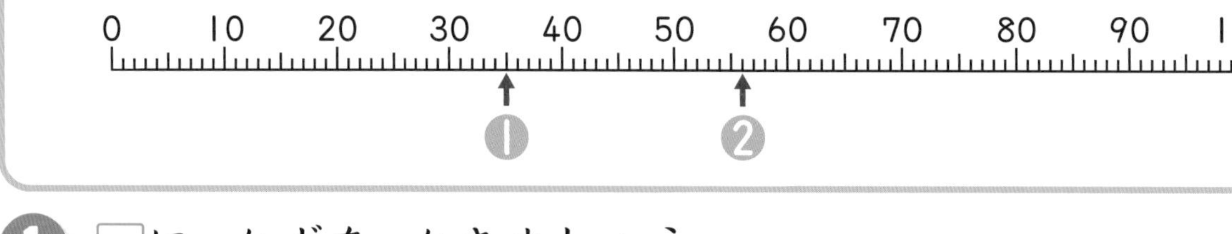

かんがえかた
かずのせんを ❶は 30から みぎへ 5つ いどうします。❷は 60から ひだりへ 4つ いどうします。

1 □に かずを かきましょう。

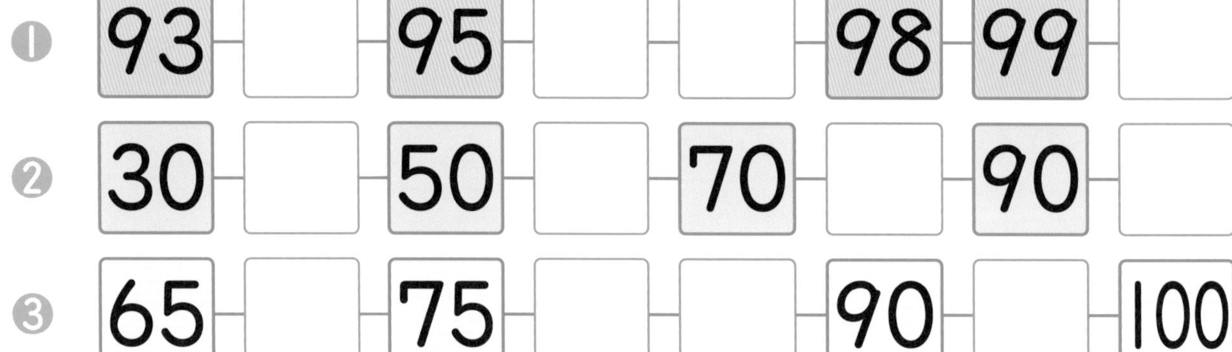

2 つぎの かずを かきましょう。

❶ 89より 1 おおきい かず □

❷ 100より 3 ちいさい かず

3 かずの おおきい ほうに ○を つけましょう。

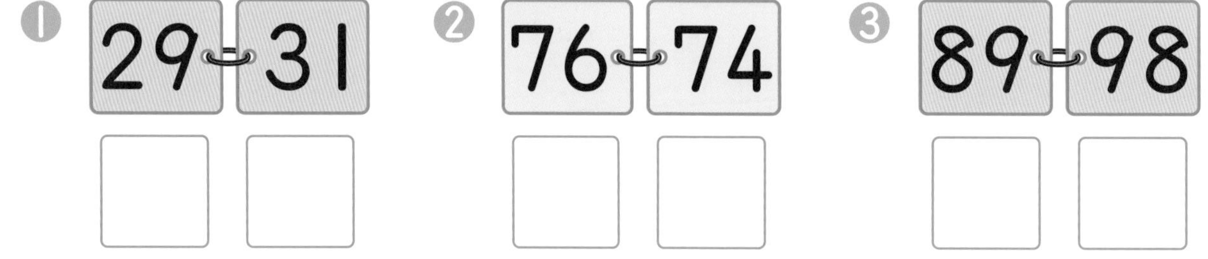

おうちのかたへ 0から100までの数の並び方を覚えます。数の線（数直線）を使うと「5大きい」「4小さい」がより実感できるでしょう。

4 つぎの　かずを，じゅんじょ　よく　ぜんぶ　かきましょう。

❶ 51から　63まで

51	52	53										63

❷ 88から　100まで

88												100

❸ 60から　48まで

60												48

5 □に　あてはまる　かずを　かきましょう。

❶ 79より　1　おおきい　かずは　□

❷ 100より　1　ちいさい　かずは　□

❸ 33より　3　ちいさい　かずは　□

❹ 90より　10　おおきい　かずは　□

6 かずの　おおきい　じゅんに　かきましょう。

❶ （53，26，91，75）

□，□，□，□

❷ （100，72，69，88，43，76）

□，□，□，□，□，□

べんきょうした 日 月 日

⑦ 100より おおきい かず

きほんのワーク

やってみよう

☆ かずを かきましょう。

ひゃくご

100と 5で □

たいせつ

100より おおきい かずの ならびかたを おぼえましょう。
100と 5で 105と かき，「ひゃくご」と よみます。

1 いくつ ありますか。かずを かきましょう。

❶ □

❷ □

2 あいて いる ところの かずを かきましょう。

100		102	103			106		108	109
	111			114	115		117	118	
120									

おうちのかたへ　100より大きい数のしくみや並び方も，0から100までの数と同じであることを理解します。3けたの数や1000(千)については2年生で学習します。

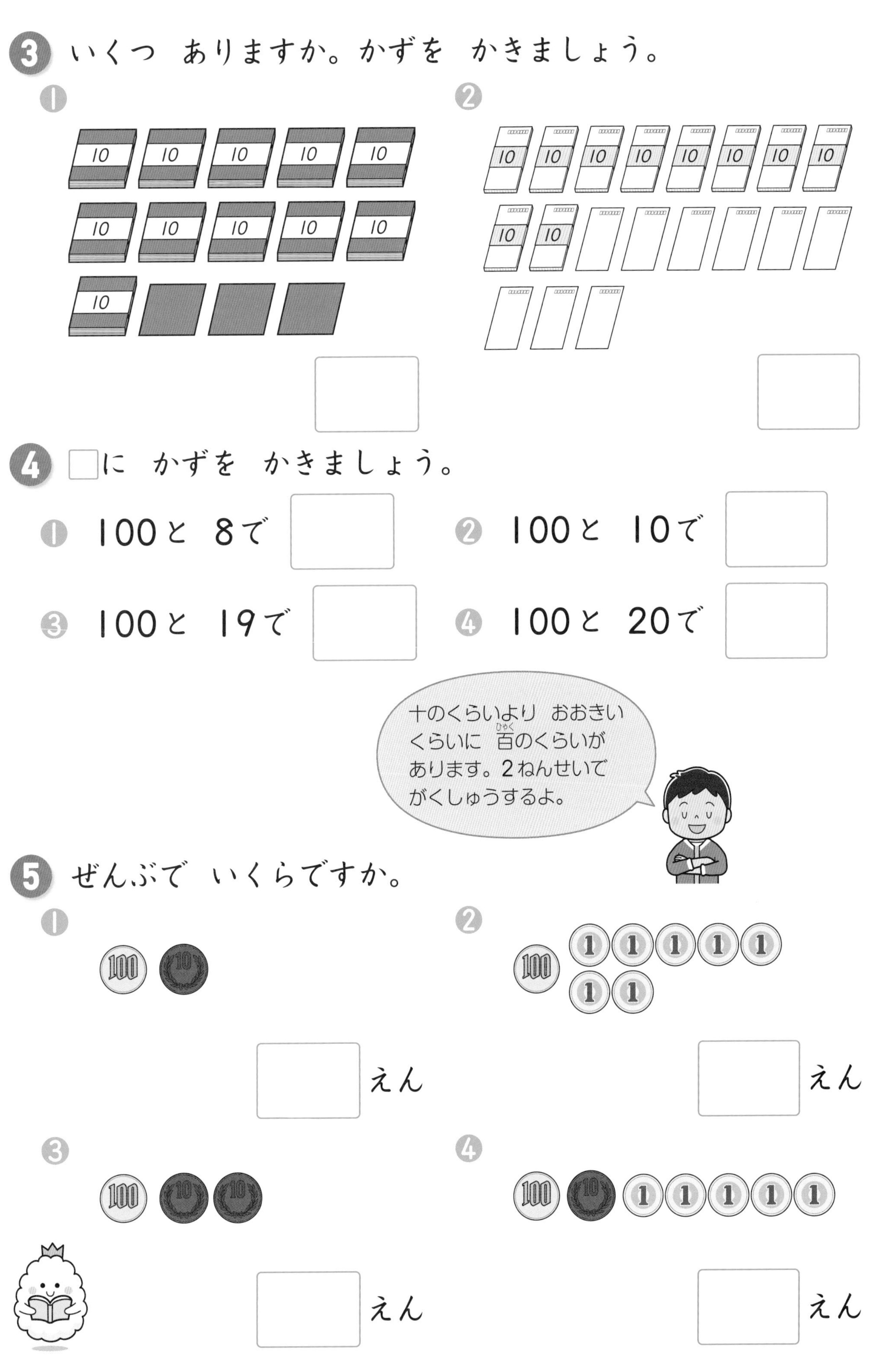

3 いくつ　ありますか。かずを　かきましょう。

1

2

4 □に　かずを　かきましょう。

1 100と　8で □

2 100と　10で □

3 100と　19で □

4 100と　20で □

5 ぜんぶで　いくらですか。

1 □えん

2 □えん

3 □えん

4 □えん

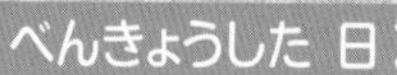

こたえ 15ページ

やってみよう

☆ 70＋30の けいさんの しかたを かんがえましょう。

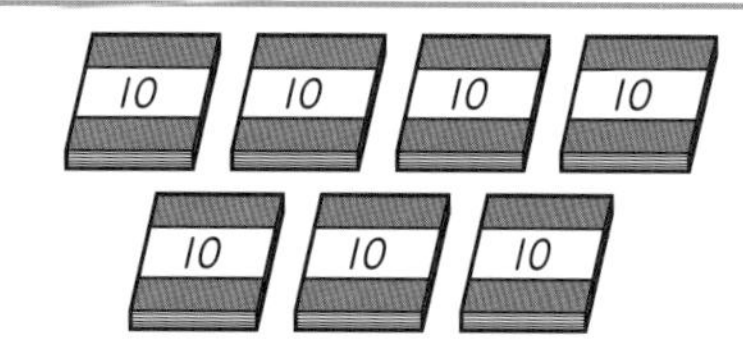

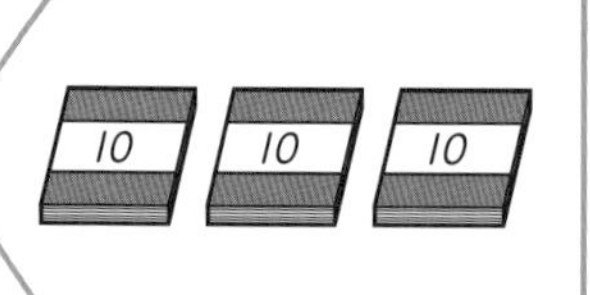

10の たばが
10こ できるね。

10の まとまりで かんがえると，7＋3＝10

70＋30＝ 100

10の まとまりで かんがえます。

1 たしざんを しましょう。

① 60＋40＝ □

② 30＋50＝ □

③ 40＋20＝ □　　④ 90＋10＝ □

2 ひきざんを しましょう。

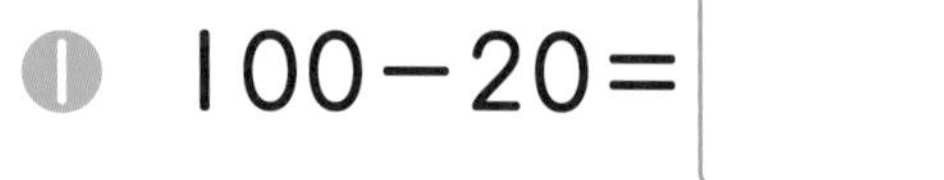

① 100−20＝ □

② 60−40＝ □

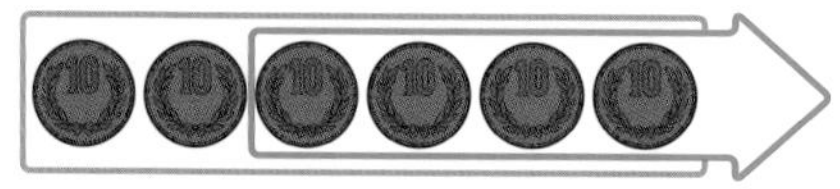

③ 100−30＝ □　　④ 70−50＝ □

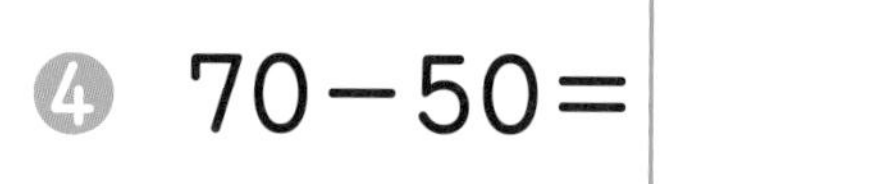

おうちのかたへ　たし算・ひき算ともに，10のまとまりがいくつできるかを考えて計算します。10のまとまりで考えれば，これまでと同じように計算することができます。

⑨ ひきざん きほんのワーク

こたえ 15ページ

やってみよう

☆32+5の けいさんの しかたを かんがえましょう。

一のくらいの かずを たすと,

2+5=□

32+5=□

1 たしざんを しましょう。

❶ 20+7=□　❷ 70+6=□

❸ 55+4=□　❹ 22+5=□

❺ 61+8=□　❻ 43+4=□

2 ひきざんを しましょう。

❶ 34−4=□　❷ 53−3=□

❸ 77−4=□　❹ 68−5=□

❺ 99−8=□　❻ 86−3=□

おうちのかたへ　1年生では，くり上がりのない(2けたの数)＋(1けたの数)，くり下がりのない(2けたの数)−(1けたの数)までを学習します。

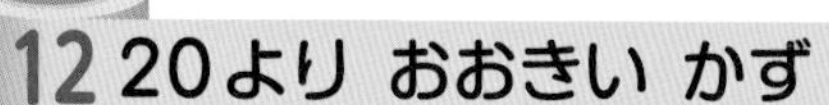

まとめのテスト①

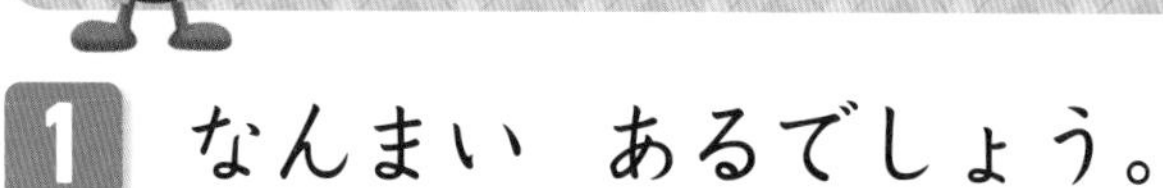

こたえ 16ページ

じかん 20ぷん

とくてん /100てん

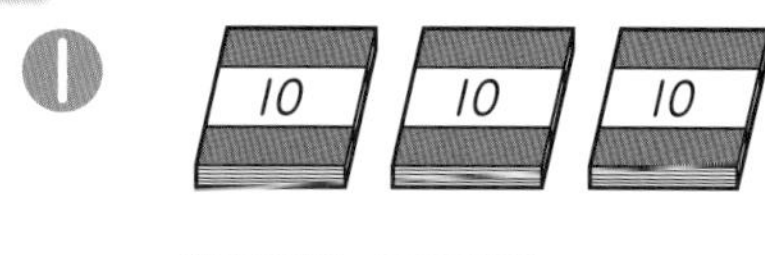
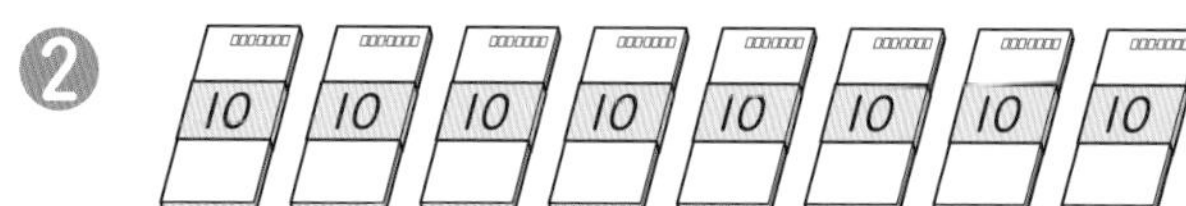

1 なんまい あるでしょう。 1つ10〔20てん〕

❶

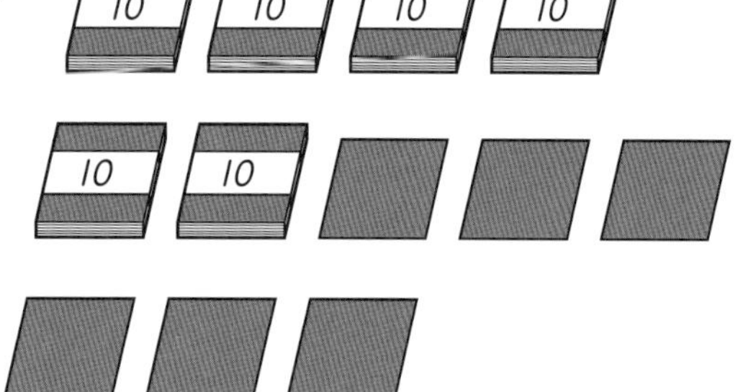

□まい

❷

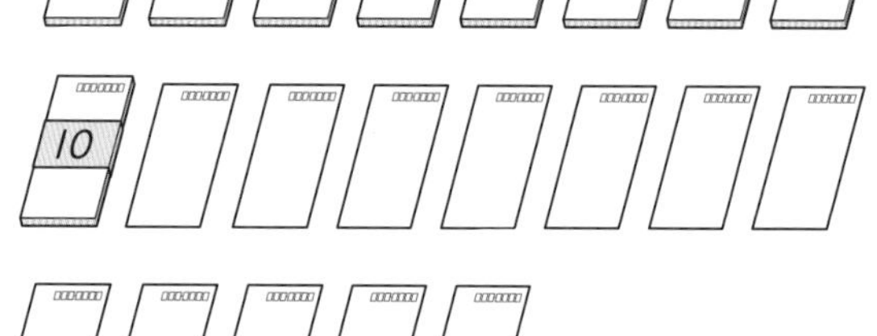

□まい

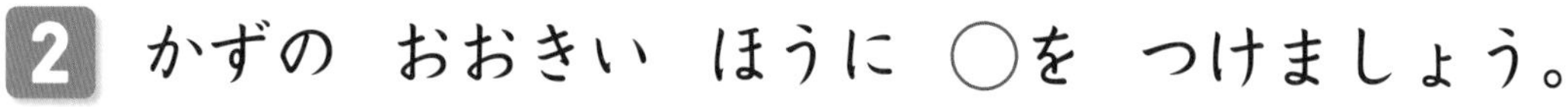

2 かずの おおきい ほうに ◯を つけましょう。 1つ10〔20てん〕

❶

❷

3 よくでる けいさんを しましょう。 1つ6〔60てん〕

❶ 20＋50＝□

❷ 50＋40＝□

❸ 100−50＝□

❹ 80−20＝□

❺ 40＋5＝□

❻ 34＋4＝□

❼ 63＋5＝□

❽ 76−6＝□

❾ 56−4＝□

❿ 89−5＝□

チェック

□20より おおきい かずを かぞえる ことが できるかな。
□20より おおきい かずの けいさんが できたかな。

まとめのテスト②

こたえ 16ページ

じかん 20ぷん

とくてん　/100てん

1 よくでる つぎの　かずを　かきましょう。　1つ6〔18てん〕

① 十のくらいが　8，一のくらいが　3の　かず　□

② 78より　2　おおきい　かず　□

③ 100より　2　ちいさい　かず　□

2 □に　かずを　かきましょう。　1つ2〔12てん〕

① 5 － □ － 15 － 20 － □ － 30 － 35 － □

② 100 － □ － 98 － 97 － 96 － □ － □ － 93

3 よくでる けいさんを　しましょう。　1つ7〔70てん〕

① $40+40=$ □

② $30+70=$ □

③ $100-80=$ □

④ $70-40=$ □

⑤ $60+8=$ □

⑥ $52+7=$ □

⑦ $81+6=$ □

⑧ $47-7=$ □

⑨ $35-4=$ □

⑩ $78-6=$ □

□かずの　ならびを　みて　かずを　かく　ことが　できたかな。
□20より　おおきい　かずの　しくみが　わかったかな。

① なんじなんぷん
きほんのワーク

こたえ 16ページ

やってみよう

☆ なんじなんぷんですか。

7じ5ふん

たいせつ
みじかい　はりで「○じ」，ながい　はりで「○ふん」を　よみます。

1 とけいの　よみかたを　•—•で　むすびましょう。

❶ 
❷ 
❸ 
❹ 

6じ10ぷん	3じ50ぷん	8じ25ふん	11じ40ぷん

2 なんじなんぷんですか。

❶ 

❷ 

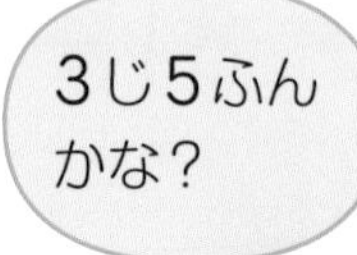

おうちのかたへ　何時何分を読めるようにします。短い針で「何時」，長い針で「何分」を読みます。日頃から時計を正確に読む習慣をつけておきましょう。

3 なんじなんぷんですか。

4 ながい はりを かきましょう。

❶ 8じ20ぷん

❷ 6じ15ふん

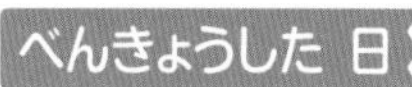

まとめのテスト①

こたえ 16ページ

1 なんじなんぷんですか。

1つ12〔72てん〕

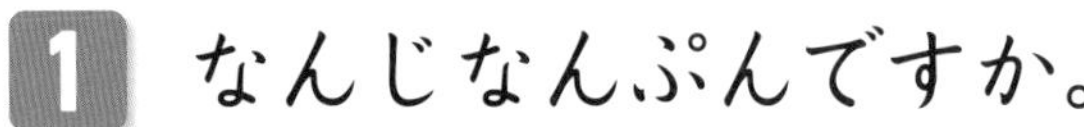

2 ながい はりを かきましょう。

1つ14〔28てん〕

❶ 9じ40ぷん

❷ 11じ15ふん

□なんじなんぷんの とけいが よめたかな。
□とけいの ながい はりを かく ことが できたかな。

まとめのテスト②

じかん 20ぷん

とくてん /100てん

こたえ 16ページ

1 したの とけいを よみましょう。 1つ10〔40てん〕

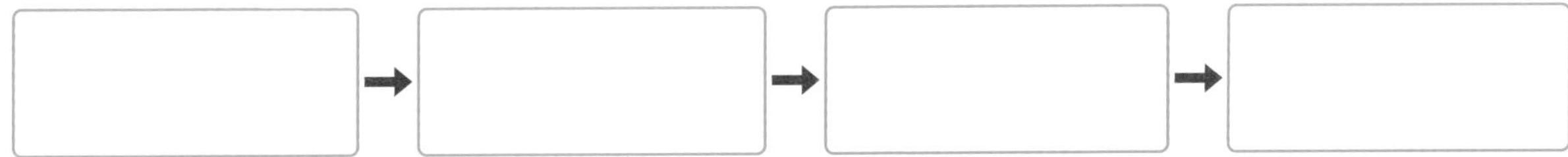

2 ながい はりを かきましょう。 1つ10〔20てん〕

❶ 5じ45ふん ❷ 7じ5ふん

3 •—• で むすびましょう。 1つ10〔40てん〕

❶  ❷  ❸  ❹ 

6:15   9:15

□ なんじなんぷんの とけいが よめるかな。
□ せんで ただしく むすぶ ことが できたかな。

べんきょうした 日　月　日

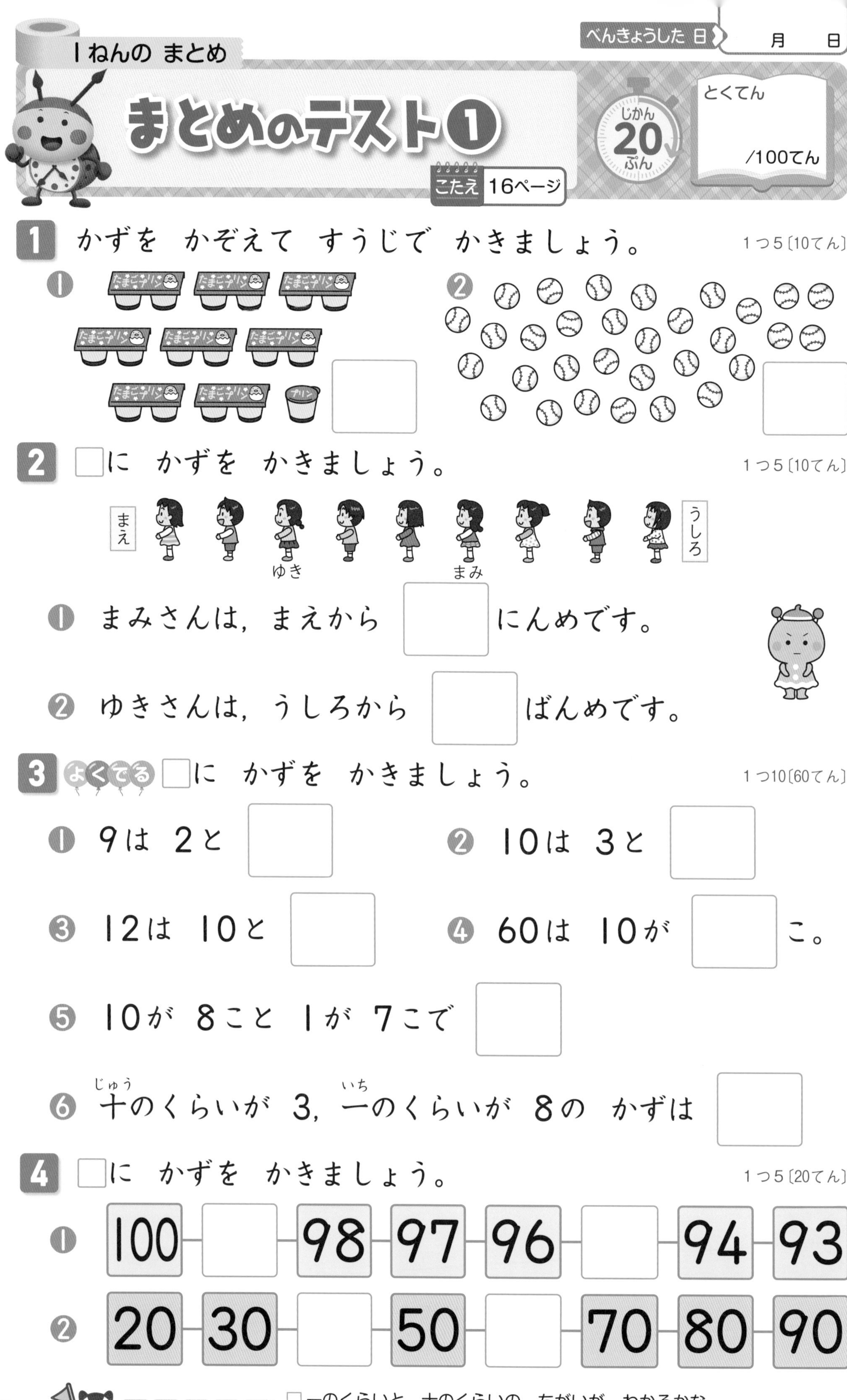

まとめのテスト①

じかん 20ぷん

とくてん　/100てん

こたえ 16ページ

1 かずを かぞえて すうじで かきましょう。　1つ5〔10てん〕

① □

② □

2 □に かずを かきましょう。　1つ5〔10てん〕

まえ　ゆき　まみ　うしろ

① まみさんは，まえから □ にんめです。

② ゆきさんは，うしろから □ ばんめです。

3 よくでる □に かずを かきましょう。　1つ10〔60てん〕

① 9は 2と □

② 10は 3と □

③ 12は 10と □

④ 60は 10が □ こ。

⑤ 10が 8こと 1が 7こで □

⑥ 十(じゅう)のくらいが 3，一(いち)のくらいが 8の かずは □

4 □に かずを かきましょう。　1つ5〔20てん〕

① 100－□－98－97－96－□－94－93

② 20－30－□－50－□－70－80－90

チェック

□一のくらいと 十のくらいの ちがいが わかるかな。

□かずの ならびを みて かずを かく ことが できたかな。

べんきょうした 日　　月　　日

まとめのテスト②

こたえ 16ページ

じかん 20ぷん

とくてん　　/100てん

1 たしざんを　しましょう。

1つ5〔40てん〕

❶ 3+5　　❷ 6+4

❸ 9+0　　❹ 13+4

❺ 8+3　　❻ 5+6

❼ 4+7　　❽ 6+9

2 ひきざんを　しましょう。

1つ5〔40てん〕

❶ 8−5　　❷ 10−4

❸ 6−0　　❹ 14−2

❺ 12−8　　❻ 18−9

❼ 15−7　　❽ 11−3

3 まんなかの　かずから　まわりの　かずを　ひきましょう。

ぜんぶ　できて　1つ10〔20てん〕

❶

12−2=10です。

まんなか: 12　まわり: 2, 7, 3, 6, 5, 8（2 の そと: 10）

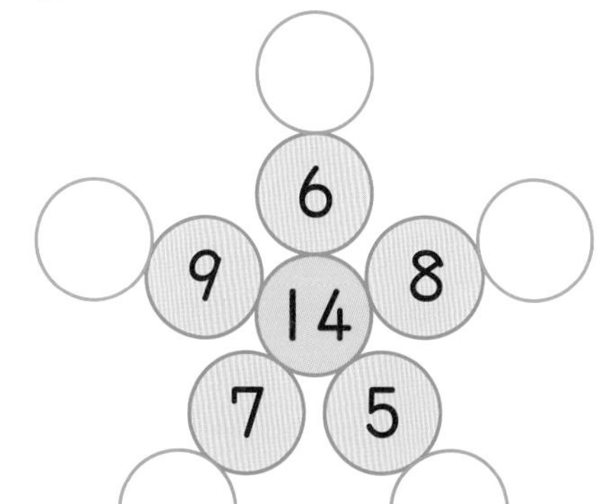

□0の　たしざんや　くりあがりの　ある　たしざんが　できるかな。
□0の　ひきざんや　くりさがりの　ある　ひきざんが　できるかな。

まとめのテスト③

じかん 20ぷん

とくてん /100てん

こたえ 16ページ

1 よくでる けいさんを しましょう。 1つ5〔30てん〕

❶ 3+2+4　❷ 8+2+6

❸ 10−3−2　❹ 18−8−5

❺ 6+4−9　❻ 10−7+5

2 よくでる けいさんを しましょう。 1つ5〔30てん〕

❶ 60+30　❷ 50+50

❸ 70−20　❹ 100−30

❺ 30+6　❻ 98−8

3 かずの おおきい ほうに ◯を つけましょう。 1つ5〔20てん〕

❶ 

❷ 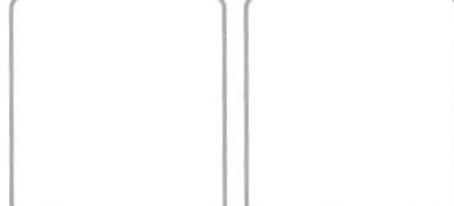

❸ 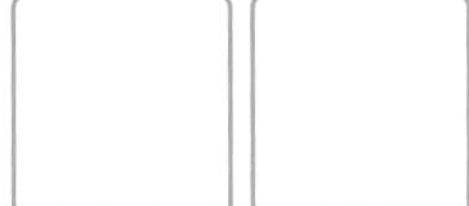

❹ 

4 とけいを よみましょう。 1つ5〔20てん〕

❶ 

❷ 

❸ 

❹ 

□3つの かずの たしざんや ひきざんが できるかな。
□とけいを ただしく よむ ことが できたかな。

教科書ワーク

こたえとてびき

全教科書対応
数と計算 1 ねん

つかいかた
まちがえた問題は，もういちどよく読んで，なぜまちがえたのかを考えましょう。正しい答えを知るだけでなく，なぜそうなるかを考えることが大切です。

どちらが おおい

2ページ きほんのワーク

☆

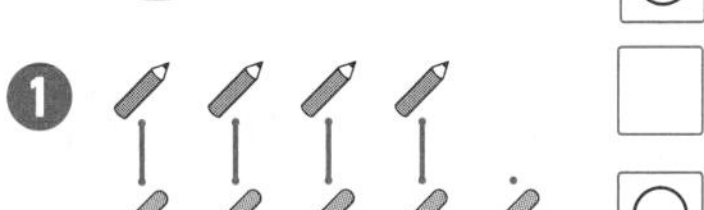

❶

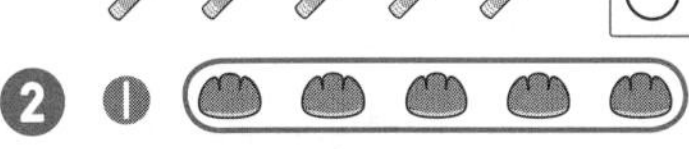

❷ ❶

❷

3ページ きほんのワーク

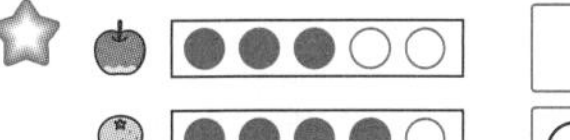

（ いぬ ）

4ページ まとめのテスト❶

1 ❶ ❷ ❸

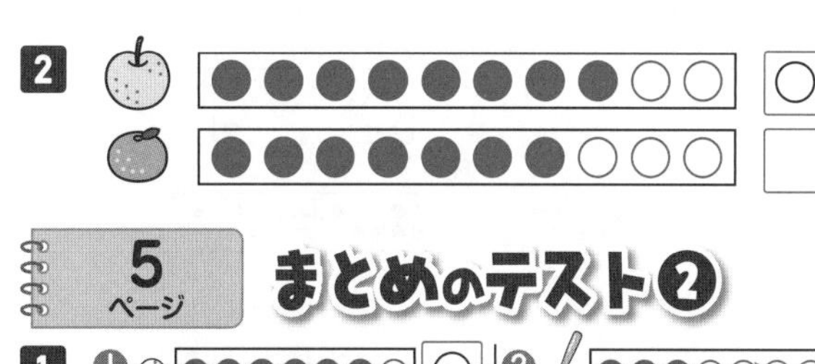

5ページ まとめのテスト❷

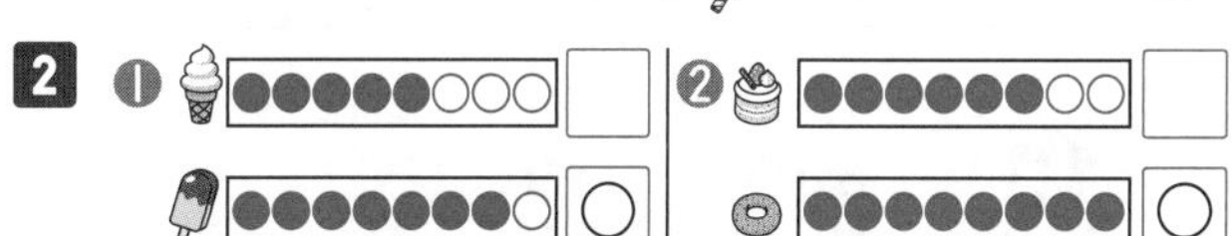

1 かずと すうじ

6ページ きほんのワーク

☆ ❶ 1●○○○○ ❷ 2●●○○○
❸ 3●●●○○ ❹ 4●●●●○
❺ 5●●●●●

❶ 略

❷ ❶ 3 ❷ 1 ❸ 2 ❹ 5 ❺ 4

7ページ きほんのワーク

☆ ❶ 6 ❷ 7
❸ 8 ❹ 9
❺ 10

❶ 略

❷ ❶ 8 ❷ 6 ❸ 7 ❹ 9 ❺ 10

8ページ きほんのワーク

☆

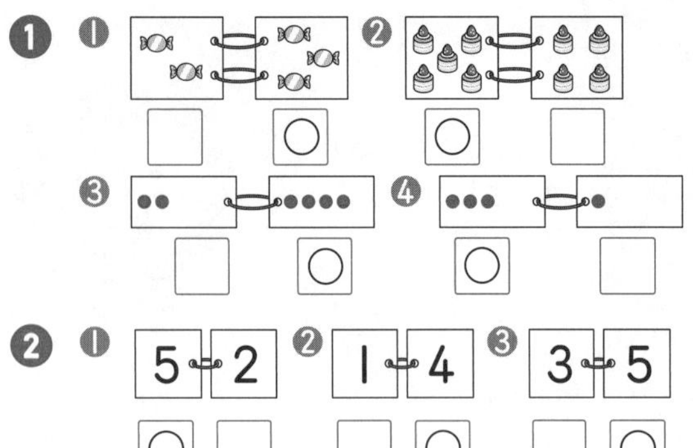

❷ ❶ 5 2　❷ 1 4　❸ 3 5

9ページ　きほんのワーク

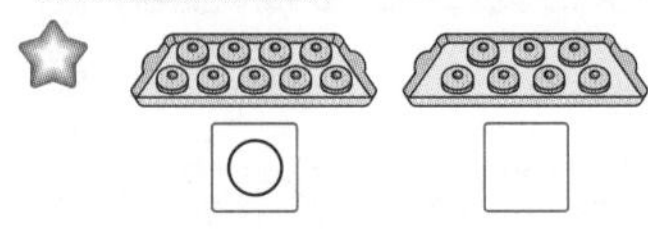

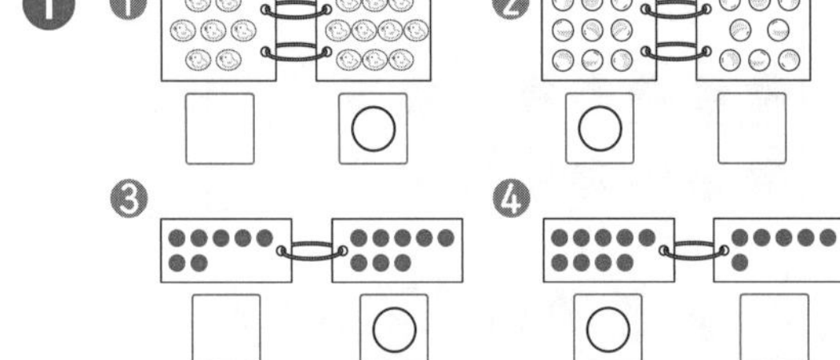

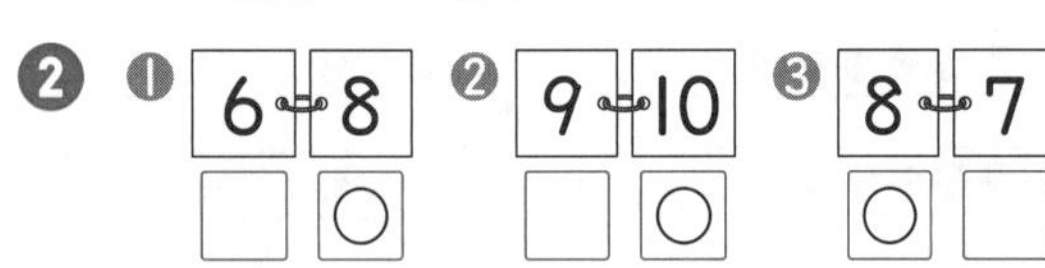

10ページ　きほんのワーク

☆ キツネ…3　キリン…8

❶ ゾウ…5　ライオン…9

❷ ❶ 3　❷ 7　❸ 4　❹ 9

❸

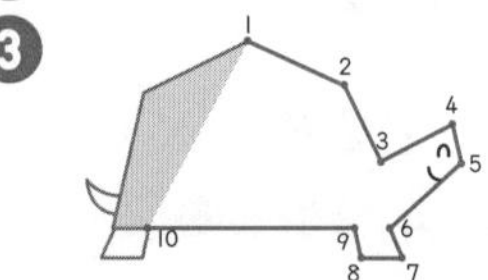

11ページ　きほんのワーク

☆ 3→2→1→0

❶ 略（りゃく）

❷ ❶ 3　❷ 0　❸ 2

❸ 3→2→1→0

12ページ　まとめのテスト❶

1 ❶ 3　❷ 7　❸ 6
❹ 8　❺ 1　❻ 10

2 ❶ 2　❷ 5
❸ 9　❹ 4

3 ❶ 3　❷ 0　❸ 5

13ページ　まとめのテスト❷

1

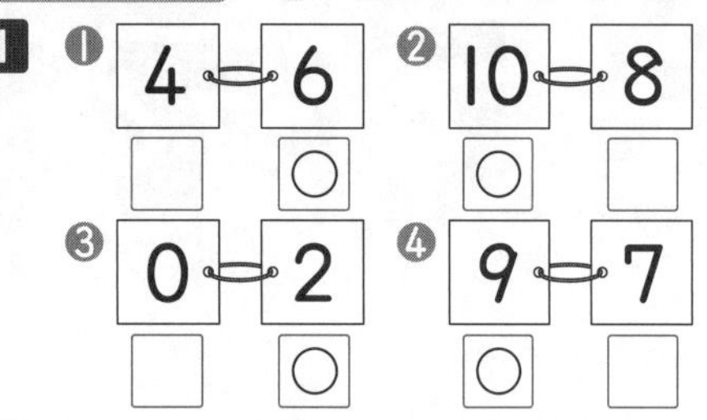

2 ❶ 4，6　❷ 8　❸ 1，3，4
❹ 9，6　❺ 5

2 なんばんめ

14ページ　きほんのワーク

☆ ❶

❷

❶ ❶

❷

❷ ❶

❷

てびき　「3個」「4台」のように，個数や人数を表す数を「集合数（しゅうごうすう）」といい，「3個目（3番目）」「4台目（4番目）」のような数を順序数（じゅんじょすう）といいます。

15ページ　きほんのワーク

☆ ❶ 3（ばんめ）　❷ 2（ばんめ）

❶ ❶ 4（ばんめ）　❷（うしろから）2（ばんめ）
（まえから）6（ばんめ）

❷ ❶ 5（ばんめ）　❷ 2（ばんめ）

16ページ　まとめのテスト❶

1 ❶ 3（ばんめ）　❷ 4（ばんめ），2（ばんめ）
❸ 4（ばんめ）　❹ 4（ひき）

2 ❶

❷

❸

❹

17ページ まとめのテスト❷

1
❶ 
❷ 
❸
❹
❺

2 ❶ 3(ばんめ)　❷ 1(ばんめ)　❸ 8(ばんめ)
❹ 4(ばんめ)　❺ 5(ばんめ)

3 いくつと いくつ

18ページ きほんのワーク

☆ ❶ 3は 1と [2]　○●●
❷ 3は 2と [1]　○○●

❶ ❶ ○●●●　4は 1と [3]
❷ ○○●●　4は 2と [2]
❸ ○○○●　4は 3と [1]

❷ ❶ ○●●●●　5は 1と [4]
❷ ○○●●●　5は 2と [3]
❸ ○○○●●　5は 3と [2]
❹ ○○○○●　5は 4と [1]

19ページ きほんのワーク

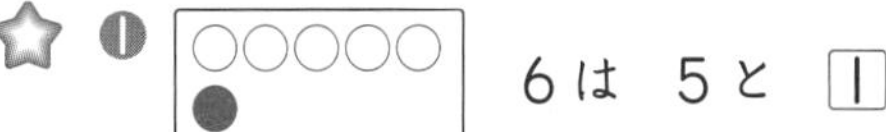
☆ ❶ ○○○○○ ●　6は 5と [1]

❷ ○○○●● ●　6は 3と [3]

❸ ○○●●● ●　6は 2と [4]

❶ ❶ 7は 3と [4]　❷ 7は 5と [2]
❸ 7は 1と [6]　❹ 7は 4と [3]

❷
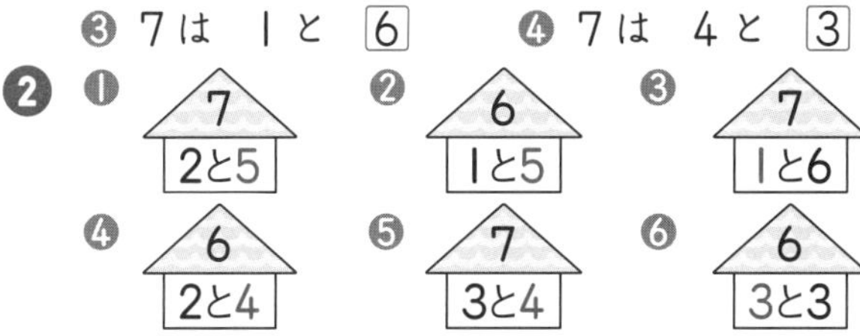
❶ 7 2と5　❷ 6 1と5　❸ 7 1と6
❹ 6 2と4　❺ 7 3と4　❻ 6 3と3

20ページ きほんのワーク

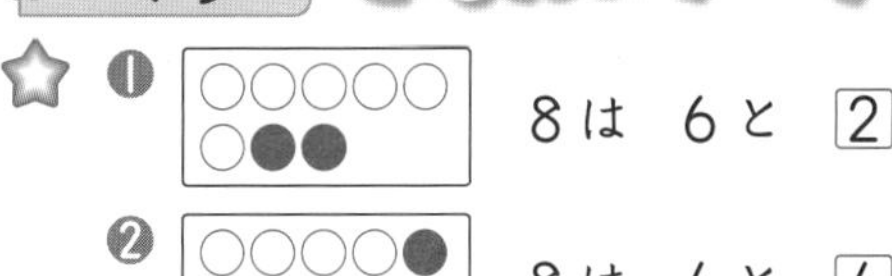
☆ ❶ ○○○○○ ○●●　8は 6と [2]
❷ ○○○○● ●●●　8は 4と [4]
❸ ○○○●● ●●●　8は 3と [5]

❶ ❶ 9は 3と [6]　❷ 9は 7と [2]
❸ 9は 5と [4]　❹ 9は 6と [3]

❷
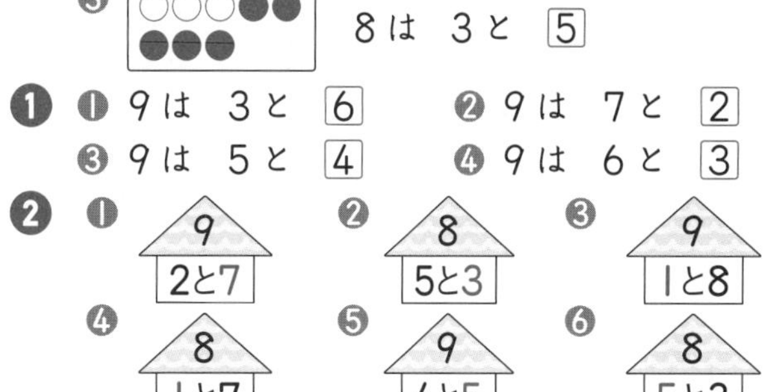
❶ 9 2と7　❷ 8 5と3　❸ 9 1と8
❹ 8 1と7　❺ 9 4と5　❻ 8 5と3

21ページ きほんのワーク

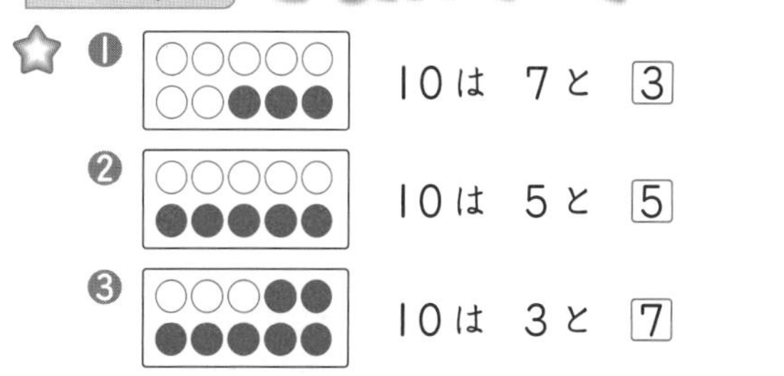
☆ ❶ ○○○○○ ○○●●●　10は 7と [3]
❷ ○○○○○ ●●●●●　10は 5と [5]
❸ ○○○●● ●●●●●　10は 3と [7]

❶ ❶ 10は 4と [6]　❷ 10は 2と [8]
❸ [1]と 9で 10　❹ [4]と 6で 10

❷ ❶ 6(りょう)　❷ 9(りょう)　❸ 7(りょう)

22ページ まとめのテスト❶

1 ❶ 3　❷ 6　❸ 3　❹ 5　❺ 3　❻ 3
2 ❶ 2　❷ 4　❸ 6　❹ 2
3 ❶ 2(わ)　❷ 4(わ)　❸ 7(わ)

23ページ まとめのテスト❷

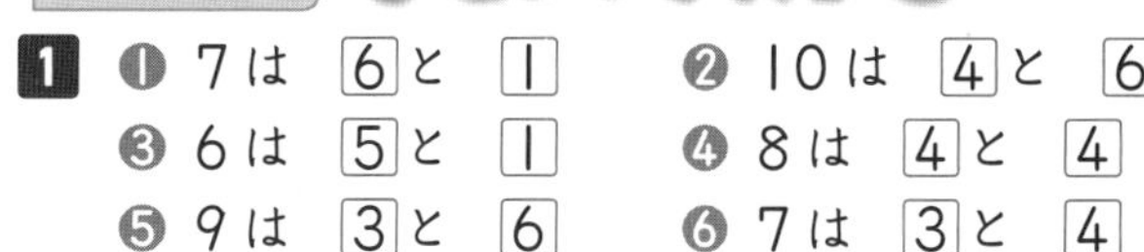
1 ❶ 7は [6]と [1]　❷ 10は [4]と [6]
❸ 6は [5]と [1]　❹ 8は [4]と [4]
❺ 9は [3]と [6]　❻ 7は [3]と [4]

2
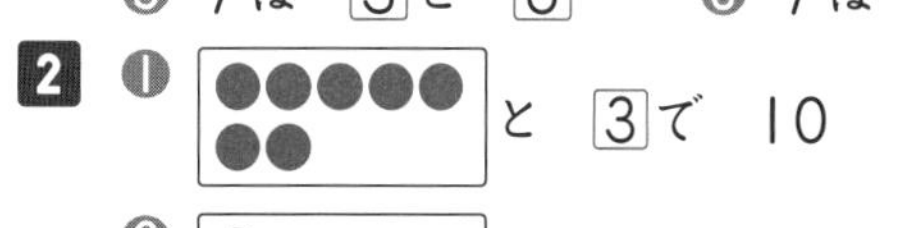
❶ ●●●●● ●●　と [3]で 10

❷ ●　と [9]で 10
❸ ●●●●　と [6]で 10
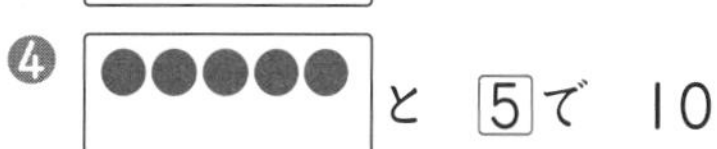
❹ ●●●●●　と [5]で 10

てびき **1** 10までの数の合成・分解ができるようにしましょう。1年生の時期は，声を出していうことで頭にインプットされるといわれています。❶「7は6と1」という問題を解いたら，「7は5と2」「7は4と3」…というように，1つの問題から別の問題をつくって解いてみるとよいでしょう。クイズのように楽しみながら，数の合成・分解を学習しましょう。

4 たしざん

24・25 ページ きほんのワーク

☆ しき 2＋3＝5 こたえ 5 こ

❶ ❶ 3＋2＝5
❷ 1＋4＝5
❸ 5＋3＝8

❷ ❶ 6 ❷ 8 ❸ 9 ❹ 6

❸ ❶ しき 4＋3＝7 こたえ 7 こ
❷ しき 2＋4＝6 こたえ 6 こ
❸ しき 3＋5＝8 こたえ 8 こ
❹ しき 1＋7＝8 こたえ 8 こ

❹ ❶ 6 ❷ 7 ❸ 4 ❹ 9
❺ 8 ❻ 9 ❼ 7 ❽ 9

てびき　2つの数をあわせる「たし算」の場面を考えます。数字だけを合わせるのではなく，場面をイメージさせるために，❶や❸の問題を出題しています。計算に習熟することも大切ですが，どんな場面かを想像することで，問題をよく読むことにもつながりますし，高学年になって文章題につまずくこともなくなります。

26・27 ページ きほんのワーク

☆ しき 3＋6＝9 こたえ 9 わ

❶ ❶ 2＋6＝8
❷ 1＋8＝9
❸ 3＋7＝10

❷ ❶ 10 ❷ 10
❸ 9 ❹ 10

❸ ❶ しき 4＋2＝6 こたえ 6 にん
❷ しき 5＋2＝7 こたえ 7 ひき
❸ しき 3＋2＝5 こたえ 5 ほん
❹ しき 2＋2＝4 こたえ 4 ひき

❹ ❶ 10 ❷ 8 ❸ 9 ❹ 7
❺ 10 ❻ 10 ❼ 4 ❽ 7

てびき　「数が増える」ときのたし算の場面を取り上げています。これまでに学んだ2つの数を合わせるたし算(合併)とは異なり，はじめにある数量に追加したり，それから増加したりしたときの大きさを求めます。これを増加といいます。

合併では，2つの物が対等に扱われ，両方が接近するイメージです。ブロック操作でいうと

図のように，左右から寄せます。

一方，増加では，先にある物に別の物が加わるような操作となり，ブロックの操作でいうと

左のようなイメージになります。

28 ページ きほんのワーク

☆ しき 3＋0＝3 こたえ 3 こ
しき 0＋2＝2 こたえ 2 こ

❶ ❶ しき 5＋0＝5 こたえ 5 こ
❷ しき 0＋7＝7 こたえ 7 こ
❸ しき 3＋0＝3 こたえ 3 こ

❷ ❶ 4 ❷ 8 ❸ 6 ❹ 0

てびき　「ある数」に0をたしても，0に「ある数」をたしても，答えは「ある数」になります。簡単なことのようですが，1年生のお子さんにとっては理解しづらいようです。おはじきなどの具体的な物を使って考えると理解が進みます。ゲームの得点を数えるときなどに「1回目は0点で，2回目は5点だったら，合わせて何点？」と問いかけてみましょう。数えるチャンスのあるときに0を絡めた問題を出題し，考えるよう促すとよいでしょう。

29 ページ きほんのワーク

☆

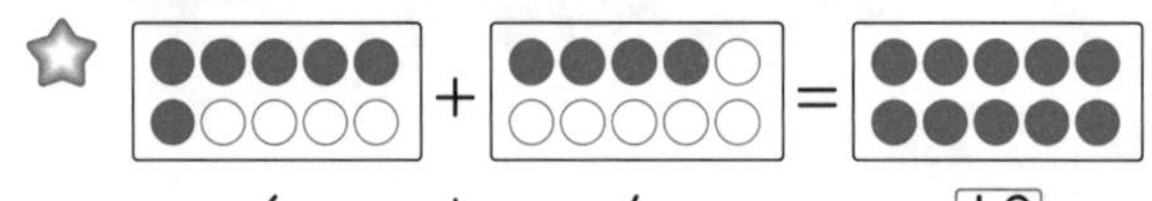

6 ＋ 4 ＝ 10

❶ ❶ 3 ＋ 5 ＝ 8

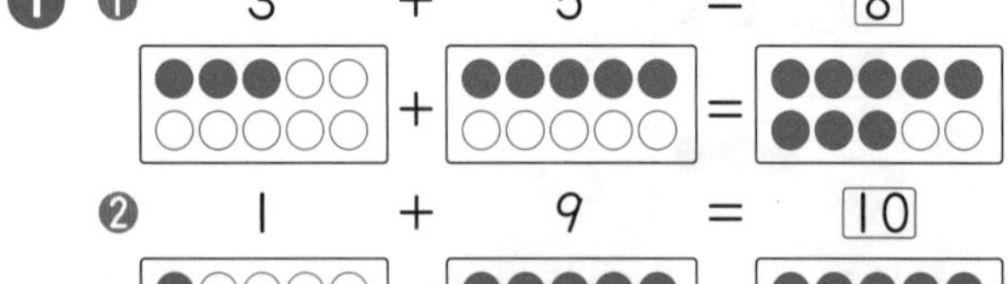

❷ 1 ＋ 9 ＝ 10

❷ ❶ 5 ❷ 9 ❸ 9 ❹ 6
❺ 10 ❻ 8 ❼ 9 ❽ 10

30 ページ まとめのテスト❶

1 ❶

7＋2＝9

❷ 3＋4＝7

2 ❶ 6 ❷ 9 ❸ 8 ❹ 9
❺ 10 ❻ 7 ❼ 10 ❽ 0

31 ページ　まとめのテスト❷

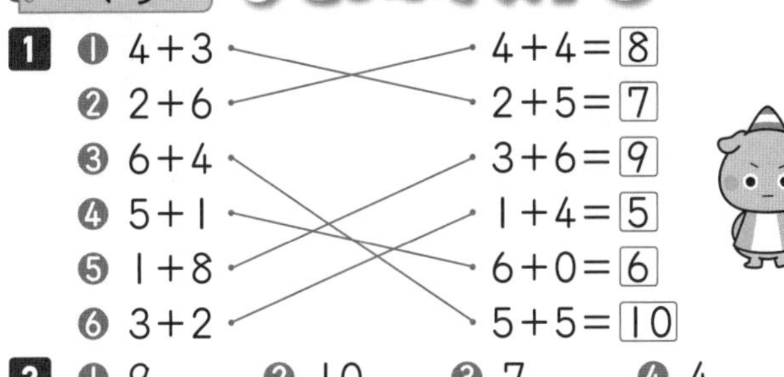

1
❶ 4+3　❷ 2+6　❸ 6+4　❹ 5+1　❺ 1+8　❻ 3+2

4+4=[8]　2+5=[7]　3+6=[9]　1+4=[5]　6+0=[6]　5+5=[10]

2 ❶ 9　❷ 10　❸ 7　❹ 4

てびき くり上がりのないたし算のまとめです。お子さんが正しく計算しているかどうか，チェックしておきましょう。

たとえば，7という数は，1と6，2と5，3と4，4と3，5と2，6と1のようにみることができます。

このように，7という数を2と5を合わせた数とみるような場合を合成(ごうせい)といいます。逆に7を2と5に分けてみるような場合を分解(ぶんかい)といいます。

7 ←(合成)— 2と5
7 —(分解)→ 2と5

たし算やひき算は，合成と分解がもとになっています。ご家庭でも，お子さんとクイズのようにして数の合成・分解をしてみてください。特に10の合成・分解が大切です。3といったら7，6といったら4，というように，お子さんとキャッチボールをする感覚で「たして10」をくり返しつくって遊んでみてください。

5 ひきざん

32・33 ページ　きほんのワーク

☆ しき [4]−[1]=[3]　こたえ [3]こ

❶ ❶ [5]−[2]=[3]　❷ [8]−[3]=[5]　❸ [10]−[4]=[6]

❷ ❶ 2　❷ 3　❸ 4　❹ 3

❸ ❶ しき [6]−[4]=[2]　こたえ [2]こ
❷ しき [7]−[2]=[5]　こたえ [5]こ
❸ しき [9]−[4]=[5]　こたえ [5]こ
❹ しき [10]−[6]=[4]　こたえ [4]こ

❹ ❶ 2　❷ 4　❸ 3　❹ 1　❺ 5　❻ 2　❼ 5　❽ 1

てびき ひき算は，たし算に比べて理解がしにくいといわれています。つまずきのないようにお子さんの理解度を確かめておきましょう。ひき算の初めは，「残りはいくつ」を学習します。「りんごが4個あって，1個食べると，残りは3個になる」のように，初めの数量の大きさから，取り去ったり，減少したりしたときの残りの大きさを求めるひき算を求残(きゅうざん)といいます。

理解しづらいお子さんには，ブロックやおはじきなどを使って，「初めにあったブロックからいくつか取ったら，残りはいくつ？」というように，実際に操作して理解を促してください。

34・35 ページ　きほんのワーク

☆ しき [8]−[6]=[2]　こたえ [2]ひき

❶ ❶ [7]−[6]=[1]　❷ [9]−[7]=[2]　❸ [10]−[8]=[2]

❷ ❶ 3　❷ 2　❸ 1　❹ 1

❸ ❶ しき [7]−[3]=[4]　こたえ [4]こ
❷ しき [5]−[4]=[1]　こたえ [1]ぽん
❸ しき [10]−[4]=[6]　こたえ [6]ぽん
❹ しき [6]−[5]=[1]　こたえ [1]ぴき

❹ ❶ 2　❷ 3　❸ 6　❹ 7　❺ 4　❻ 1　❼ 4　❽ 8

てびき 「数の違い」を求めるひき算を求差(きゅうさ)といいます。求差は，同時に2つの数量が存在し，その差を求めるひき算です。初めにあった数量からいくつかを取り去る操作を行う求残とは異なります。差を求めるときには，大きい方から小さい方をひくことになります。理解しづらいお子さんには，ブロックやおはじきを上下に並べ，1対1対応で比べるようにすると，理解が進みます。

36 ページ　きほんのワーク

☆ しき [3]−[1]=[2]　こたえ [2]ひき
しき [3]−[3]=[0]　こたえ [0]ひき
しき [3]−[0]=[3]　こたえ [3]びき

❶ ❶ [4]−[4]=[0]　こたえ [0]こ
❷ [5]−[0]=[5]　こたえ [5]こ

❷ ❶ 0　❷ 0　❸ 7　❹ 0

てびき 0のひき算は特にイメージしづらいようです。絵を見てお話をさせ，理解度を確認してください。

37 ページ　きほんのワーク

☆ 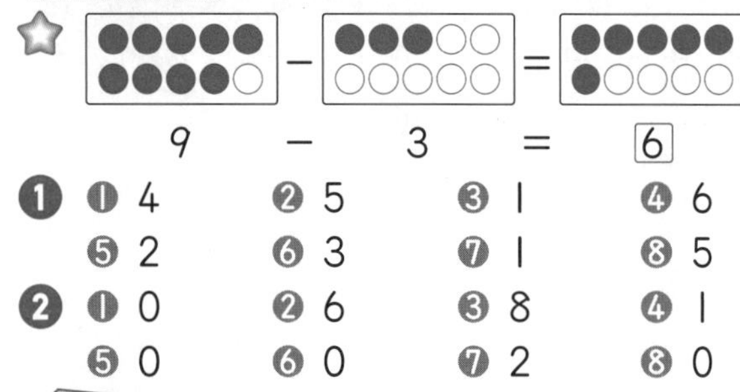

9　−　3　=　6

❶ ❶ 4　❷ 5　❸ 1　❹ 6
❺ 2　❻ 3　❼ 1　❽ 5

❷ ❶ 0　❷ 6　❸ 8　❹ 1
❺ 0　❻ 0　❼ 2　❽ 0

てびき 10以下の数から，いくつかをひくひき算の練習です。ひき算は，たし算に比べ，苦手意識を持ちやすいといわれます。間違えた問題は，おはじきやブロックなど，具体的な物の操作をしながら，もう一度やり直しておきます。同じ問題を間違えるようであれば，その数の合成・分解を確認しておきましょう。

❷には，a−a，a−0の問題を混ぜてあります。同じ数から同じ数をひくと答えは0になること，ある数から0をひくとある数になることを，理解できていますか？　スッキリとわからずに先に進むと，つまずいてしまいます。このページはとても大切ですので，おうちの方がしっかりチェックしてあげてください。

38 ページ　まとめのテスト❶

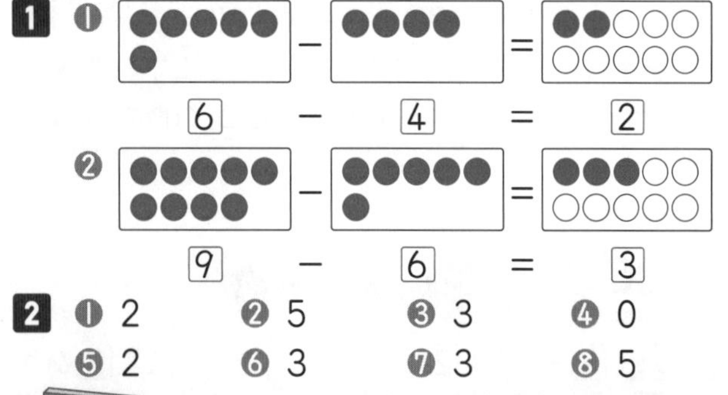

1 ❶ 6　−　4　=　2

❷ 9　−　6　=　3

2 ❶ 2　❷ 5　❸ 3　❹ 0
❺ 2　❻ 3　❼ 3　❽ 5

てびき 本書には，**1**のように○に色をぬって考える問題を取り入れています。これは数量についての理解を確かめるというねらいのほか，筆圧を高めるというねらいもあります。きれいな字を書くためには筆圧が必要です。1年生の初めは，筆圧がまだあまり高くありませんので，できるだけ筆圧を高めるように心がけたいものです。小さな○に，はみださないように，きれいに色をぬるという作業を通して，集中力を高める効果もねらっています。ご家庭でも，お絵かきや，ぬり絵などに取り組んでみましょう。

2には，まとめのテストとして，間違いやすい問題をピックアップしています。ここでつまずいた場合は，前のページに戻って，改めて問題を解いておきましょう。気をつけていただきたいのが，問題を間違えたときのおうちの方の反応です。テストというと，点数ばかりを気にしがちですが，間違いがあった場合，「どうして間違えたの」とすぐに原因を明らかにしようとするのではなく，まずがんばったことをほめ，その後で間違った問題を確認しましょう。間違えたことを責めるのではなく「間違ってよかったね。だって，間違えたからわかっていなかったことに気づけたでしょう？　このまま通りすぎるより，ちゃんとわかるようになることが大切だよ。」とお子さんに伝えましょう。「小さな間違いのうちに見つけることができてラッキー。」と思えば，お子さんへの対応も変わってきます。お子さんも間違いをこわがらず，挑戦できるようになります。

39 ページ　まとめのテスト❷

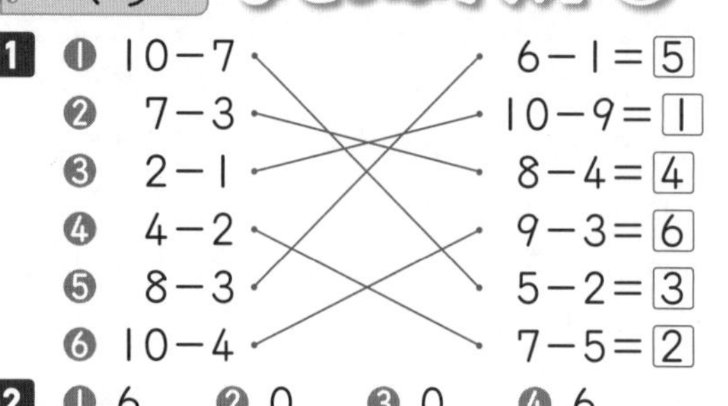

1
❶ 10−7　　6−1=5
❷ 7−3　　10−9=1
❸ 2−1　　8−4=4
❹ 4−2　　9−3=6
❺ 8−3　　5−2=3
❻ 10−4　　7−5=2

2 ❶ 6　❷ 0　❸ 0　❹ 6

てびき くり下がりのないひき算のまとめのテストです。**1**の問題は，答えが同じになる式を線で結ぶ問題です。ふつうの計算問題だとあまり興味を示さないお子さんも，線で結ぶといった要素が1つ加わるだけでやる気になることも多いようです。線で結ぶ問題は，思考が右と左を行ったり来たりするため，学力アップに適しています。「きれいに線がひけた」といったことに喜びを感じる子も多いので，お子さんの状況に応じてほめてあげてください。

2は，間違いやすい問題を取り上げています。**まとめのテスト❶**で間違えてしまったa−a，a−0の問題がここでできていたら，ほめてあげてください。1年生はおうちの方のほめ言葉によって大きく意欲が伸びる時期です。

6 しらべよう

40ページ きほんのワーク

☆ 

❶ 

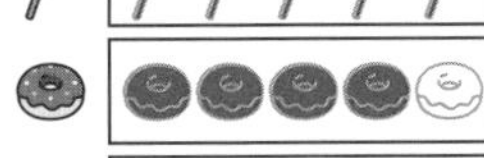

❷ ❶ みかん　❷ ばなな　❸ 3(こ)

てびき　2年生の「ひょうとグラフ」につながる学習です。ランダムに並んだ物の中から，種類ごとに分類し，整理するのは，1年生にとってはなかなか難しいようです。数えたものはイラストに✓(チェックの印)をつける，といった工夫をしていたら，ほめてあげてください。見やすく整理すると，数の多い少ないがわかりやすくなることが理解できているでしょうか？「整理することのよさ」がわかると，学習意欲がわきます。また，筆圧を高める意味からも，きれいにぬれていたら，ほめてあげましょう。

❷は，少し発展的に，整理された表(絵)を見て考える問題です。こういった問題の場合は，お子さんの理解度に合わせて，「みかんとばななの数の違いは？」「りんごより1つ少ないくだものは何？」「みかんとりんごを合わせるといくつ？」などと，問題をつくって遊ぶこともできます。

41ページ まとめのテスト

1 ❶

❷ 7(ひき)　❸ 5(ひき)

❹ 2(ひき)

2 ❶

❷ 2(こ)　❸ 4(こ)　❹ 2(こ)

てびき　「しらべよう」のまとめのテストです。**1**では❶資料から調べあげてまとめる，❷❸わかったことを整理する，❹わかったことから発展的に考える，といった思考のステップを踏んだ問題です。色をぬるという作業だけでもお子さんによってぬり方は様々です。うさぎの耳の部分まできれいにはみ出さないようにぬる子もいれば，耳はぬらずに顔だけぬる子，中には色をぬらずにチェックだけする子もいます。「きれいにぬりなさい」とは言わず，「数がチェックできているね。すごいね。」とほめてから，「きれいにぬることも大切だよ。」とアドバイスするようにしましょう。

2は，発展的な要素を含んでいます(特に❹)。お子さんの理解度に合わせて，もっと進んでもよいですし，❹につまずく場合には，「エクレアは5個，シュークリームは3個だから，違いはいくつになるかな？」と問題をわかりやすく言い直してみてもよいでしょう。

表や絵からも算数のお話が見え，「問題が考えられるとおもしろいな。」と思えるとよいですね。式は算数の言葉です。式に表して考えることができると，算数の世界がひろがります。

7 10より おおきい かず

42ページ きほんのワーク

☆ (10と)3で13

❶ ❶ 11　❷ 12　❸ 13　❹ 14　❺ 15

❷ ❶ 12　❷ 15　❸ 11　❹ 14

てびき　11から15までの数を学びます。10より大きい数は「10といくつ」と数えることをおさえます。2けたの数の入り口ですので，正しく理解しましょう。ご家庭では，10円玉1枚と1円玉を何枚か用意し，「10円と1円でいくら？」というように，硬貨などの具体的なものを提示しながら考えさせるとよいでしょう。

43ページ きほんのワーク

☆ (10と)8で18

❶ ❶ 16　❷ 17　❸ 18　❹ 19　❺ 20

❷ ❶ 16　❷ 20　❸ 17　❹ 19

てびき　10を1まとまりとして考えましょう。これからの学習の基本です。

☆ ❶ 16　　❷ 15

❶ 18

❷ ❶ 17　❷ 4　❸ 16　❹ 5

❸ ❶ 

❷ 

❸ 

❹ 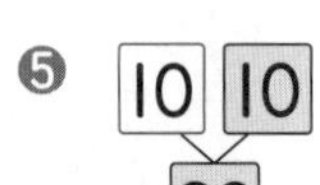

❹ （あめ）は 14 こ　（つみき）は 16 こ

❺ ❶ 13 は 10 と 3　❷ 20 は 10 と 10
❸ 17 は 10 と 7　❹ 19 は 10 と 9
❺ 15 は 10 と 5　❻ 12 は 10 と 2

❻ れい 10 5 → 15　❶ 3 10 → 13　❷ 10 8 → 18
❸ 10 6 → 16　❹ 10 4 → 14　❺ 10 10 → 20

てびき 20までの数を学び，大きな数のイメージを持つことができるようにします。

❶は2, 4, 6…と数えることを学びます。「2とび」や「5とび」で数えると，数えやすいことがあります。

❷と❺は，10を1まとまりとして考え，10といくつで「10いくつ」となっていることを確認します。10を1まとまりと考えることは，これから学年が上がっていっても基本となる考えです。つまずきのないように，チェックしてください。

46・47 ページ きほんのワーク

☆ ❶ 14　❷ 18

❶ ❶ 1　❷ 4　❸ 7　❹ 15　❺ 18

❷ ❶ 10－11－12－13－14－15
❷ 17－16－15－14－13－12
❸ 15－16－17－18－19－20
❹ 20－19－18－17－16－15
❺ 2－4－6－8－10－12

❸ ❶
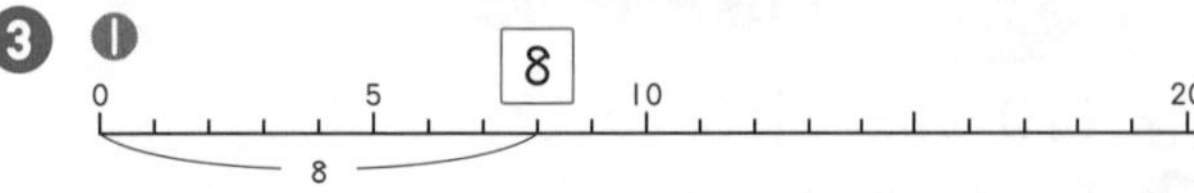

❷
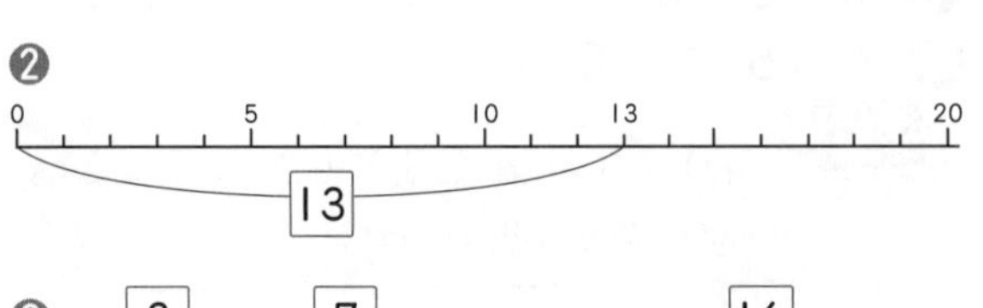

❸ 3　7　16
0　5　10　20

❹ ❶ 11, 12, 13, 14, 15
❷ 11, 10, 9

❺ ❶ 12 だんめ　❷ 6 だん

てびき 10より大きい数の並び方を考えます。数直線（1年生では「数の線」と表現しています）の便利さが実感できるとよいでしょう。

❶数直線は，左端の0から数えていくつ目かで表現します。ここでは1目盛りは1を表しているので，❶は0から1つ目だから1，❷は0から4つ目だから4です。

❷は数の並び方を理解できているかをみます。❶，❸は1ずつ増えていくので間違えるお子さんが少ないのですが，❷と❹になると理解できないお子さんも多く見られます。1から20までの数を，1から順に声を出していってみるといいでしょう。「20, 19, 18, 17, 16…」といったように減っていくパターンもやっておきましょう。❺は，2ずつ増えています。「2, 4, 6, 8, 10, …」と声に出してみましょう。

❸は，❶よりも少し発展的です。0から8つ目だから8（❶），0から13こ目（❷）だから13というように，声に出して説明すると，理解しているかどうかがわかります。

❹△と△の間にある数が答えです（○印）。

❶ … 9 △10 ⑪ ⑫ ⑬ ⑭ ⑮ △16 17 18 19 20 …

❷ …… 7 △8 ⑨ ⑩ ⑪ △12 13 14 15 16 ……

❺は，数のイメージを広げるための問題です。数直線は横に伸びるイメージですが，縦（斜め）にも拡がることが理解できるとよいでしょう。お子さんの理解度に応じて「3段おりるとどこ？」「2段のぼるとどこ？」というように問題をつくってみてもよいでしょう。

48 ページ きほんのワーク

☆ ❶ 12　❷ 14

❶ ❶ 13　❷ 15　❸ 16

❷ ❶ 14　❷ 16　❸ 19　❹ 17
❺ 13　❻ 15　❼ 16　❽ 17

てびき 「10＋いくつ」「10いくつ＋いくつ」のたし算のしかたを学びます。10をひとまとまりとみて，10といくつになるかを考えます。くり上がりのあるたし算を学習する前に，しっかりおさえておきましょう。

49ページ きほんのワーク

☆ ❶ 10　❷ 11
1 ❶ 10　❷ 13　❸ 15
2 ❶ 10　❷ 10　❸ 10　❹ 10
❺ 12　❻ 15　❼ 12　❽ 12

てびき　10いくつの数は10といくつに分けて考えます。ひき算も，たし算と同じように，10をひとまとまりとみて，10といくつになるかを考えます。理解のしづらいお子さんには，数直線を見ながら考えさせるとよいでしょう。

0 1 2 3 4 5 6 7 8 9 10 11 12 13 14 15 16 17 18 19 20

12から2をひくと10　19から4ひくと15

50ページ まとめのテスト❶

1 ❶ 14　❷ 19
2 ❶ 10と2で[12]　❷ 10と10で[20]
❸ 13は10と[3]　❹ 19は[10]と9
❺ [18]は10と8　❻ [17]は10と7
3 ❶ [11]-12-[13]-14-[15]-16
❷ [20]-19-[18]-[17]-16-[15]
❸ [4]-6-8-[10]-12-[14]
4 ❶ [ ] 18-19 [○]　❷ [○] 16-15 [ ]
❸ [○] 20-17 [ ]　❹ [○] 19-16 [ ]

てびき　2 10いくつの数を10といくつに分けて理解できているかどうか，必ず確認しておきましょう。ここでつまずくと，くり上がり，くり下がりの理解が進みません。
3 ❷，❸ができているかどうかを見てあげてください。声に出して何回もいってみることで，理解が進み，定着します。

51ページ まとめのテスト❷

1 ❶ 14　❷ 18　❸ 14
❹ 10　❺ 19　❻ 12
2 ❶ 18　❷ 20　❸ 17　❹ 16
❺ 16　❻ 10　❼ 13　❽ 14
❾ 10　❿ 13

てびき　2 はこれまでのまとめの問題です。つまずいた問題や，間違えた問題は，必ずやり直して理解できるようにしましょう。ブロックや数直線を使うのも効果的です。

8 なんじ なんじはん

52ページ きほんのワーク

☆ ❶ 5じ　❷ 9じはん
1

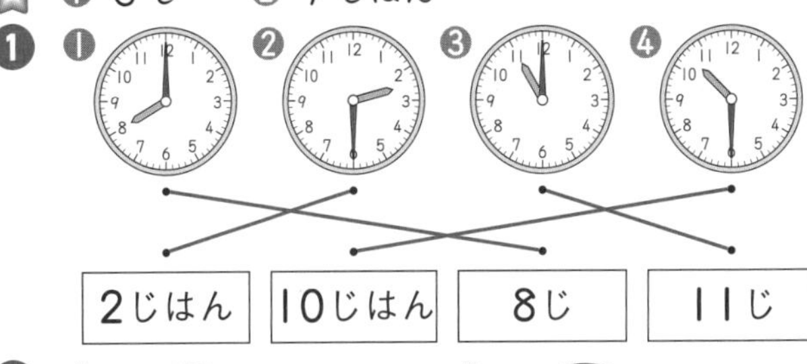

2じはん　10じはん　8じ　11じ

2 ❶

❷

てびき　時計の読み方がわからないお子さんが多く見られます。ご家庭でも，できるだけ時計を見るようにしてください。まずは，何時，何時半の時刻が読めるようにします。短針で「時」を読むこと，長針が12を指すときが「何時」，6を指すときが半であることをしっかりおさえましょう。

53ページ まとめのテスト

1 ❶ 9じ　❷ 11じはん
❸ 3じはん　❹ 3じ
❺ 12じ　❻ 5じはん

2 ❶

❷

たしかめよう!
ながい はりが 6を さしていると，
なんじはんに なります。

9 3つの かずの けいさん

54ページ きほんのワーク

☆ しき 3+[1]+[2]=[6]　こたえ [6] ぴき
1 しき [4]+[2]+[3]=[9]　こたえ [9] ほん
2 ❶ 5　❷ 10　❸ 9　❹ 11
❺ 13　❻ 12

てびき　3つの数のたし算をします。3つの数のたし算も1つの式に表せることを学びます。お話を読んで，1つの式に表し，場面をイメージできているかを確かめます。3つの数のたし算も前から順にたしていけば計算できることをおさえましょう。❷では，式を見て計算するだけでなく，３つの数のたし算のお話をつくってみると，理解が進みます。

55ページ きほんのワーク

☆ しき 8−[1]−[3]=[4]　こたえ [4] ひき

❶ しき [6]−[2]−[1]=[3]　こたえ [3] わ

❷ ❶ 3　❷ 4　❸ 6　❹ 7　❺ 8　❻ 5

てびき　３つの数の計算を苦手とするお子さんが多いようです。はじめのうちは，１つの式を２つに分けて考えてみましょう。

❶6−2−1は，6−2の答えから１をひきます。6−2=4，4−1=3と順に考えればよいことを確認しておきましょう。

❷❶ 8−3=5，5−2=3
❷ 9−3=6，6−2=4
❸ 15−5=10，10−4=6
❹ 16−6=10，10−3=7
❺ 14−4=10，10−2=8
❻ 17−7=10，10−5=5
と考えます。

56ページ きほんのワーク

☆ しき 7−[2]+[3]=[8]　こたえ [8] ひき

❶ しき [6]−[4]+[2]=[4]　こたえ [4] ひき

❷ ❶ 7　❷ 8　❸ 5　❹ 7　❺ 11　❻ 12

てびき　❶6−4+2は，6−4の答えに２をたします。6−4=2，2+2=4と考えます。

❷　❶ 8−5=3，3+4=7と考えます。２つの式に分けて書く必要はありませんが，「8−5は3，3+4は7」と声に出しながら計算するとやりやすいでしょう。

❸ 10−8=2，2+3=5
❹ 10−7=3，3+4=7
❺ 14−4=10，10+1=11
❻ 13−3=10，10+2=12
と考えます。

たしかめよう!
３つの　かずの　けいさんは，まえから　じゅんに　けいさんしよう。

57ページ きほんのワーク

☆ しき 6+[3]−[4]=[5]　こたえ [5] ひき

❶ しき [5]+[3]−[2]=[6]　こたえ [6] こ

❷ ❶ 5　❷ 5　❸ 7　❹ 4　❺ 5　❻ 7

てびき　❶5+3−2は，5+3の答えから２をひきます。たし算やひき算の混じった計算は＋や−に気をつけることが大切です。計算は必ず前から順に行います。声を出して計算すると間違えにくくなります。

58ページ まとめのテスト❶

1

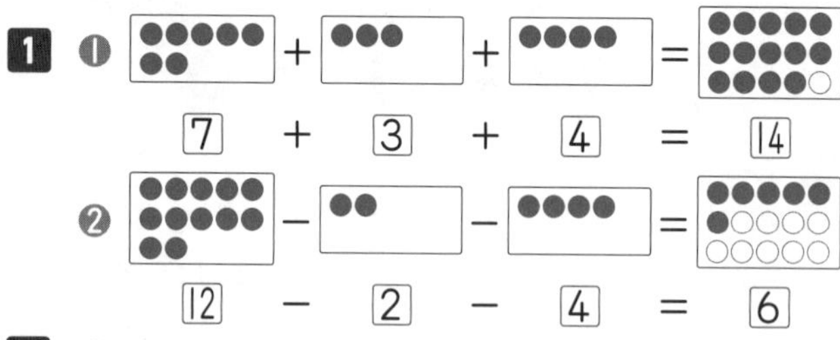

❶ [7] + [3] + [4] = [14]

❷ [12] − [2] − [4] = [6]

2 ❶ 8　❷ 10　❸ 3　❹ 0　❺ 7　❻ 9　❼ 3　❽ 7　❾ 7　❿ 6　⓫ 4　⓬ 3

てびき　**1** ○に色をぬって考えます。筆圧を高めるためにも，１年生のうちは色ぬりを上手に取り入れて学習しましょう。細かな作業をすることで集中力を高めることもねらっています。

❶ 7+3=10，10+4=14
7+3+4=14
同じ

❷ 12−2=10，10−4=6
12−2−4=6
同じ

10のまとまりを基本に考えます。

2 ３つの数の計算がスムーズにいかないようなら，下のように，式を２つに分けて考えてみてください。

❶ 4+3=7，7+1=8
❸ 7−3=4，4−1=3
❹ 7−5=2，2−2=0
※この計算は間違いが多いです。要注意！
❺ 14−4=10，10−3=7
❼ 2+5=7，7−4=3
❾ 9−7=2，2+5=7
⓫ 6+4=10，10−6=4

59ページ まとめのテスト❷

1

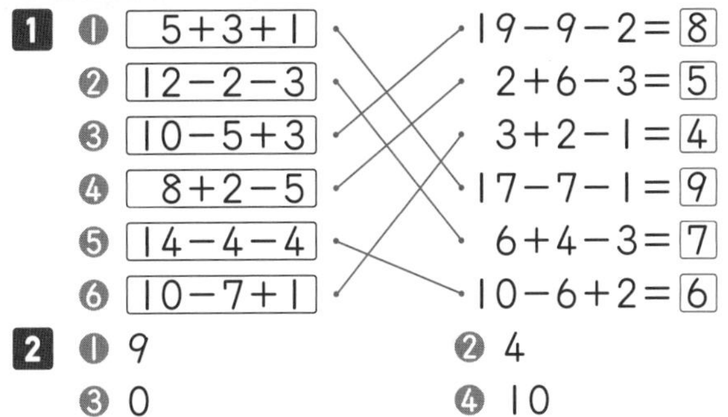

2 ❶ 9　❷ 4
❸ 0　❹ 10

10 くりあがりの ある たしざん

60ページ きほんのワーク

☆ 9に 1を たして 10
10と 2で 12

1 13

2 ❶ 9+2=11（1 ①）　❷ 9+5=14（1 ④）
❸ 9+6=15（1 ⑤）　❹ 9+7=16（1 ⑥）

3 ❶ 17　❷ 18
❸ 12　❹ 13

てびき くり上がりのあるたし算のやり方をしっかりと身につけましょう。最初は9+(1けた)の形を学習します。

❶ 9に1をたして10　10と3で13　9+4=13（⑩ 1 3）

❸ ❶ 9+8=17（⑩ 1 7）　9に1をたして10　10と7で17
❷ 9+9=18（⑩ 1 8）　9に1をたして10　10と8で18

9+(1けた)では，たす数を「1といくつ」に分けて計算します。9+8は，下の図のように，9に1をたして10のまとまりをつくることをイメージすると，理解が進みます。

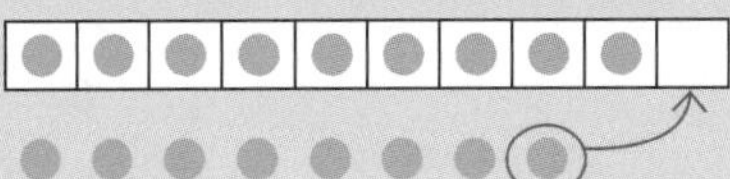

9+8=17（① 7）

61ページ きほんのワーク

☆ 8に 2を たして 10
10と 3で 13

1 ❶ 14　❷ 11

2 ❶ 8+4=12（2 ②）　❷ 7+5=12（3 ②）

3 ❶ 11　❷ 13
❸ 15　❹ 14
❺ 17　❻ 16

てびき 2つの数㋐と㋑のたし算「㋐+㋑」で，前の数㋐のことを被加数（ひかすう）といい，後ろの数㋑のことを加数（かすう）といいます。8+5の計算を，

8+5（② ③）　5を2と3に分解して，8に2をたして10，10と3で13

のように計算する方法を加数分解（かすうぶんかい）といいます。加数を分解して，10のまとまりをつくる方法は，1年生にも理解しやすいといわれます。そこで，教科書でも学校の授業でも，加数分解から教えることがほとんどです。

60ページでは被加数が9の場合を取り上げました。61ページでは，被加数が8と7の場合を考えます。8はあと2で10，7はあと3で10になることから，加数を(2といくつ)，(3といくつ)に分けて計算します。

62・63ページ きほんのワーク

☆ 6に 4を たして 10
10と 3で 13

1 ❶ 12　❷ 12

2 ❶ 6+5=11（4 ①）　❷ 5+8=13（5 ③）
❸ 4+9=13（6 ③）　❹ 6+6=12（4 ②）

3 ❶ 14　❷ 11
❸ 15　❹ 11

4 ❶ 13　❷ 12
❸ 13　❹ 12
❺ 11　❻ 14
❼ 14　❽ 15
❾ 12　❿ 14
⓫ 12　⓬ 11
⓭ 15　⓮ 14
⓯ 13　⓰ 11

5 ❶　❷

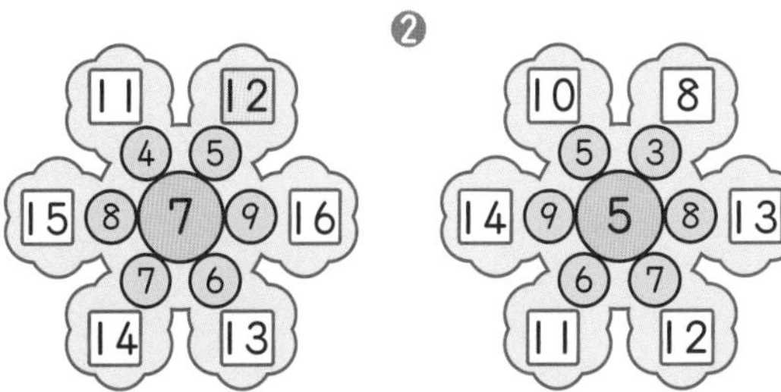

てびき ❶～❸では，4+(1けた)，5+(1けた)，6+(1けた)の計算のしかたを学びます。まずは加数分解のしかたをしっかりとおさえることが大切です。
❹❺は，(4～9の数)+(1けた)の練習問題です。つまずいた問題は必ずやり直しておきましょう。

64・65ページ きほんのワーク

☆ ❶ 4に 6を たして 10
10と 3で 13
❷ 9に 1を たして 10
10と 3で 13

1 ❶ 3+8=11（7 ①）　❷ 3+8=11（1 ②）

2 ❶ 11　❷ 12
❸ 13　❹ 13
❺ 11　❻ 17

3 ❶ 12　❷ 12
❸ 15　❹ 15
❺ 11　❻ 11
❼ 17　❽ 13
❾ 12　❿ 13
⓫ 16　⓬ 13
⓭ 16　⓮ 14
⓯ 14　⓰ 11

4 ❶ 8+6 14 □　❷ 3+9 12 ◎
❸ 7+7 14 □　❹ 7+5 12 ◎
❺ 5+6 11 ◎　❻ 9+6 15 □

てびき これまでは，後ろの数を2つに分けて10をつくる方法(加数分解)を学んできました。ここでは，前の数を2つに分けて10をつくる方法(被加数分解)を学びます。

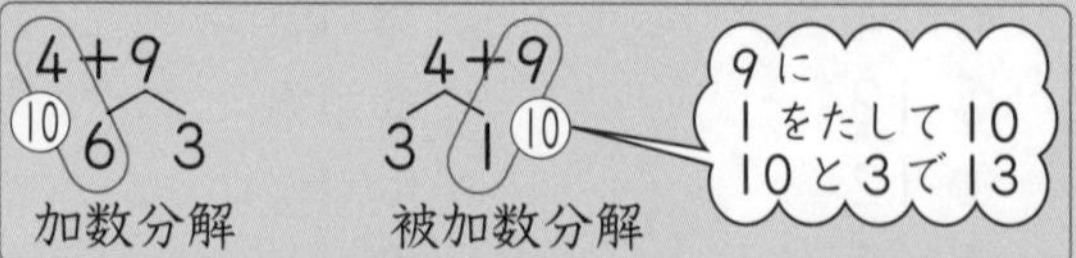

一般的に，前の数(被加数)が小さくくり上がりのある計算の場合は，被加数分解の方が計算しやすいといわれますが，お子さんによっては，あくまでも加数分解で計算しようとする場合も多いです。計算のしかたはどちらでも構いません。慣れていて，計算のしやすい方で大丈夫です。
加数分解，被加数分解の他にも，加数・被加数とも「5といくつ」に分解して，その5どうしで10をつくるという方法もあります。

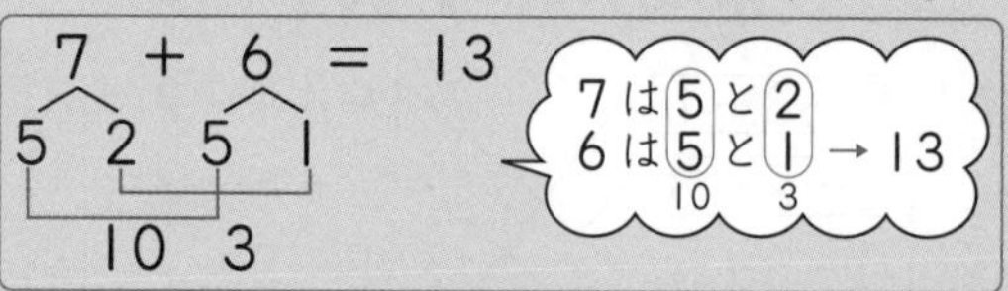

また，素朴な方法として，たとえば7+4を，7から，8，9，10，11と「数えたし」によって求める方法もあります。
はじめは，どの方法でも構いません。何度もくり返すうちに，状況に応じて使い分けができるようになってきます。

66ページ まとめのテスト❶

1 ❶ 8は あと 2で 10
❷ 5を 2と 3に わける。
❸ 8と 2で 10
❹ 10と 3で 13

2 ❶ 14　❷ 12
❸ 14　❹ 14
❺ 11　❻ 11
❼ 11　❽ 11

3 ❶ 6+6　❷ 9+3
❸ 8+4　❹ 7+5

てびき くり上がりのあるたし算のまとめの問題です。加数分解でも被加数分解でも，5どうしで10をつくる方法でも，やりやすい方法で構いません。**1**のような問題で，計算の方法を言葉で整理してみると，理解が進むようです。
3の問題は，少し発展的な問題です。ある数に何かをたして12になる数を見つけることは，このあとに学習するひき算にもつながります。この問題につまずくことなく答えることができたら，ほめてあげてください。間違えたり，つまずいたりしてしまう場合は，図に表して考えることをおすすめします。たとえば❶は，6+□=12になる□の数を求めます。

●●●●●●○○○○○○（6／12） 左のように表し，○がいくつになるかを考えます。

67ページ まとめのテスト❷

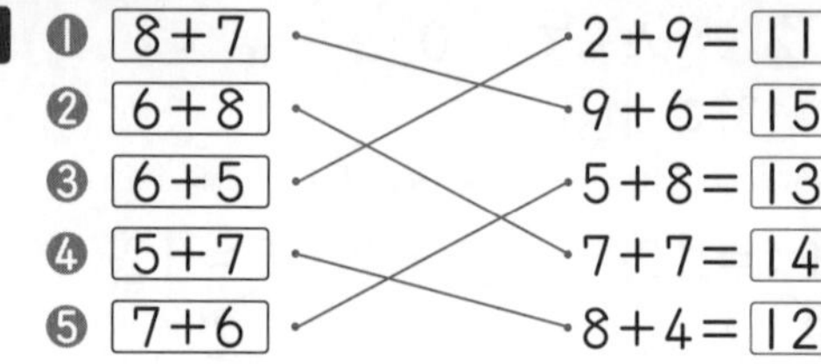

1
❶ 8+7 — 9+6=15
❷ 6+8 — 7+7=14
❸ 6+5 — 2+9=11
❹ 5+7 — 8+4=12
❺ 7+6 — 5+8=13

2 ❶

❷

12 15
6 9
14 8 6 5 11
7
13

てびき くり上がりのあるたし算で，特に間違いが多いのは，(6＋いくつ)(7＋いくつ)の問題だといわれます。もちろん個人差がありますが，(6＋いくつ)(7＋いくつ)の問題にはつまずきが多いことを覚えておくとよいでしょう。
2 の問題は，まん中の数を，他の数に変えて，何度も計算練習してみてください。

11 くりさがりの ある ひきざん

68ページ きほんのワーク

☆ 10から [9]を ひいて 1
1と [4]で [5]

❶ 6

❷ ❶ 12−9＝[3]（10 ②）　❷ 16−9＝[7]（10 ⑥）
❸ 18−9＝[9]（10 ⑧）　❹ 11−9＝[2]（10 ①）

❸ ❶ 8　❷ 4
❸ 5　❹ 6

てびき くり下がりのあるひき算の学習が始まります。まず(10いくつ)−9の計算のしかたを考えます。たとえば，14−9の計算は…
・14を10と4に分ける。
・10から9をひいて1(10−9＝1)
・1と4で5(1＋4＝5)
のように考えます。「ひいてからたす」ので，減加法（げんかほう）といいます。くり下がりのあるひき算は，まずこの減加法から学びます。くり上がりのあるたし算が10をひとまとまりと考えたのと同様に，くり下がりのあるひき算では，ひかれる数を10といくつかに分け，10のまとまりからひいて，その答えと残りの数をたします。
❶ 15−9（⑩ ⑤）のように15を10といくつに分けるところから書いていくとよいでしょう。
❸ ❶ 17−9（⑩ ⑦）　10から9をひいて1　1と7で8
❷ 13−9（⑩ ③）　10から9をひいて1　1と3で4

69ページ きほんのワーク

☆ 10から [8]を ひいて 2
2と [6]で [8]

❶ ❶ 5　❷ 8

❷ ❶ 15−8＝[7]（10 ⑤）　❷ 12−7＝[5]（10 ②）

❸ ❶ 6　❷ 6
❸ 3　❹ 7
❺ 4　❻ 4

てびき
❶ ❶ 13−8（10 3）　10から8をひいて2　2と3で5
❷ 15−7（10 5）　10から7をひいて3　3と5で8
❸ ❶ 14−8（10 4）　10から8をひいて2　2と4で6
❷ 13−7（10 3）　10から7をひいて3　3と3で6
❸ 11−8（10 1）　10から8をひいて2　2と1で3
❹ 14−7（10 4）　10から7をひいて3　3と4で7
❺ 12−8（10 2）　10から8をひいて2　2と2で4
❻ 11−7（10 1）　10から7をひいて3　3と1で4
くり下がりのあるひき算のしかたを正しく理解できているかどうか，上のような形で説明させてみましょう。

70・71ページ きほんのワーク

☆ 10から [6]を ひいて 4
4と [3]で [7]

❶ ❶ 8　❷ 7

❷ ❶ 12−9＝[3]（10 ②）　❷ 11−6＝[5]（10 ①）

❸ ❶ 3　❷ 6
❸ 8　❹ 9
❺ 6　❻ 6

❹ ❶ 9　❷ 9
❸ 4　❹ 7
❺ 9　❻ 9
❼ 5　❽ 9
❾ 8　❿ 4

⑪ 4　　⑫ 6
⑬ 7　　⑭ 7
⑮ 5　　⑯ 8

5 ①　②

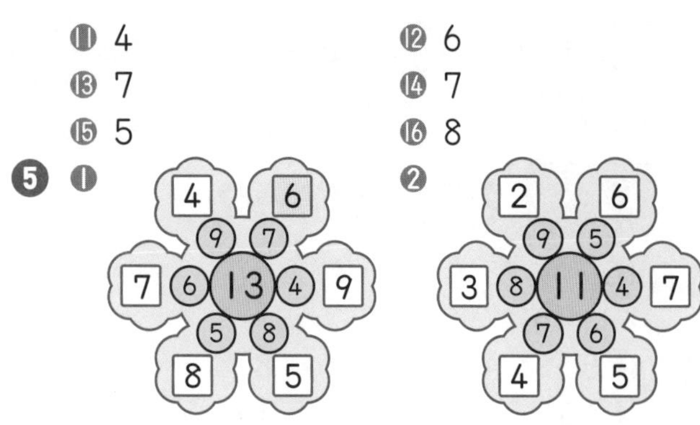

72・73 ページ　きほんのワーク

☆ ① 10から [3]を　ひいて　7
　7と　[2]で　[9]
② [12]から　2を　ひいて　10
　[10]から　1を　ひいて　9

1 ① 13−5=[8]（10 ③）　② 13−5=[8]（3 ②）

2 ① 7　② 7
③ 6　④ 9
⑤ 7　⑥ 6

3 ① 6　② 7
③ 9　④ 8
⑤ 9　⑥ 9
⑦ 9　⑧ 8
⑨ 7　⑩ 9
⑪ 7　⑫ 8
⑬ 5　⑭ 5
⑮ 8　⑯ 7

4 ① 14−8 6　□　② 11−6 5　□
③ 18−9 9　○　④ 17−9 8　○
⑤ 15−7 8　○　⑥ 12−3 9　○

> **てびき**　くり下がりのあるひき算には2通りのやり方があります。13−5の場合，次の①，②があります。
> ① 13−5（10 3）　10から5をひいて5
> 　5と3で8
> ② 13−5（3 2）　13から3をひいて10
> 　10から2をひいて8
> ①はすでに学習した減加法です。②は，ひいてからひくので減減法（げんげんほう）といいます。主に①の減加法を学びますが，②の減減法が便利なこともあります。状況に応じて使い分けましょう。

74 ページ　まとめのテスト①

1 ① 14は　[10]と　4
② 10から　[8]を　ひいて　2
③ 2と　[4]で　[6]

2 ① 5　② 8
③ 7　④ 9
⑤ 8　⑥ 9
⑦ 8　⑧ 6

3 ① 12−[6]　② 15−[9]
③ 11−[5]　④ 13−[7]

> **てびき**　**1** はくり下がりのあるひき算の考え方がわかっているかどうかを見る問題です。
> **3** は少し発展的な問題です。①12−□=6の□にあてはまる数を考える場合は，はじめは順に数をあてはめてみてもよいでしょう。

75 ページ　まとめのテスト②

1 ① 18−9 ― 12−3=[9]
② 13−7 ― 12−6=[6]
③ 14−6 ― 12−8=[4]
④ 13−9 ― 14−9=[5]
⑤ 11−6 ― 15−7=[8]

（右列：12−8=[4]，14−9=[5]，12−3=[9]，12−6=[6]，15−7=[8]）

2 ①（中心12）4 3 8 9 4 7 8 5 5 7 3 6 9 6 5 7 ②（中心14）7 6 7 8 9 5 5 9 6 8

12 20より おおきい かず

76 ページ　きほんのワーク

☆ 10が　3こで　[30]
　30と　5で　[35]

1 ①

十のくらい	一のくらい
2	4

②

十のくらい	一のくらい
4	0

③

十のくらい	一のくらい
3	6

2 ① 53　② 76

77 ページ　きほんのワーク

☆ ぜんぶで　[36]

1 ① 60　② 74　③ 52　④ 43

2 37

78・79 ページ　きほんのワーク

☆ ① 10が　[5]こと　[7]で　57
② 57は，十のくらいが　[5]で，
　一のくらいが　[7]です。

1 ① 10が　6こと　1が　2こで　[62]
② 10が　4こで　[40]

❸ 76は，10が 7こと 1が 6こ。
❹ 80は，10が 8こ。

❷ ❶ 24　❷ 59　❸ 90

❸ ❶

十のくらい	一のくらい
7	2

❷

十のくらい	一のくらい
5	8

❸

十のくらい	一のくらい
9	3

❹

十のくらい	一のくらい
6	0

❹ ❶ 70は，10が 7こ。
❷ 60の，十のくらいの すうじは 6，一のくらいの すうじは 0です。
❸ 十のくらいが 4，一のくらいが 7の かずは 47
❹ 10が 9こで 90
❺ 30は，10が 3こ。
❻ 63＜10が 6こ。1が 3こ。　❼ 82＜10が 8こ。1が 2こ。

たしかめよう!

十のくらいと 一のくらいが わかって いるかな。32の 十のくらいの すうじは 3，一のくらいの すうじは 2です。

てびき 「さんじゅうに」を302と書いてしまう誤りがありますので，注意しましょう。

80ページ きほんのワーク

☆ ❶ 10が 10こで 100です。
❷ 100は 99より 1おおきい かずです。

❶ ❶ 100は 10を 10こ あつめた かずです。
❷ 100より 1ちいさい かずは 99です。

❷ ❶ 100　❷ 100　❸ 100　❹ 99

てびき 10が10個集まると100になることは理解できていますか？ 1が100個で100になること，95，96，97，98，99，100の数の並び方もおさえましょう。

81ページ きほんのワーク

☆ ❶ 十(のくらい)　❷ 一(のくらい)

❶ ❶ 7, 17, 27, 37, 47, 57, 67, 77, 87, 97
❷ 70, 71, 72, 73, 74, 75, 76, 77, 78, 79

❷ ❶ 7　❷ 22　❸ 35　❹ 43　❺ 58
❻ 64　❼ 69　❽ 72　❾ 76

82・83ページ きほんのワーク

☆ ❶ 35　❷ 56

❶ ❶ 93－94－95－96－97－98－99－100
❷ 30－40－50－60－70－80－90－100
❸ 65－70－75－80－85－90－95－100

❷ ❶ 90　❷ 97

❸ ❶ 29 31（□ ○）　❷ 76 74（○ □）　❸ 89 98（□ ○）

❹ ❶ 51 52 53 54 55 56 57 58 59 60 61 62 63
❷ 88 89 90 91 92 93 94 95 96 97 98 99 100
❸ 60 59 58 57 56 55 54 53 52 51 50 49 48

❺ ❶ 79より 1 おおきい かずは 80
❷ 100より 1 ちいさい かずは 99
❸ 33より 3 ちいさい かずは 30
❹ 90より 10 おおきい かずは 100

❻ ❶ 91，75，53，26
❷ 100，88，76，72，69，43

84・85ページ きほんのワーク

☆ 105

❶ ❶ 120　❷ 116

❷

100	101	102	103	104	105	106	107	108	109
110	111	112	113	114	115	116	117	118	119
120									

❸ ❶ 113　❷ 109

❹ ❶ 100と8で108　❷ 100と10で110
❸ 100と19で119　❹ 100と20で120

❺ ❶ 110えん　❷ 107えん
❸ 120えん　❹ 115えん

てびき 1年生では，120程度までの数を学び，それより大きい数は2年生で学習します。

86ページ きほんのワーク

☆ 70＋30＝100

❶ ❶ 100　❷ 80　❸ 60　❹ 100

❷ ❶ 80　❷ 20　❸ 70　❹ 20

87ページ きほんのワーク

☆ 2＋5＝7，32＋5＝37

❶ ❶ 27　❷ 76　❸ 59　❹ 27
❺ 69　❻ 47

❷ ❶ 30　❷ 50　❸ 73　❹ 63
❺ 91　❻ 83

88ページ まとめのテスト①

1 ① 66まい　② 102まい

2 ① 47－74　□ ○　② 87－93　□ ○

3 ① 70 ② 90 ③ 50 ④ 60 ⑤ 45
⑥ 38 ⑦ 68 ⑧ 70 ⑨ 52 ⑩ 84

89ページ まとめのテスト②

1 ① 83　② 80　③ 98

2 ① 5－10－15－20－25－30－35－40
② 100－99－98－97－96－95－94－93

3 ① 80 ② 100 ③ 20 ④ 30 ⑤ 68
⑥ 59 ⑦ 87 ⑧ 40 ⑨ 31 ⑩ 72

13 なんじなんぷん

90・91ページ きほんのワーク

☆ 7じ5ふん

1 ① 3じ50ぷん　② 8じ25ふん
③ 11じ40ぷん　④ 6じ10ぷん

2 ① 8じ55ふん　② 3じ25ふん

3

6じ25ふん

7じ50ぷん

8じ5ふん

10じ23ぷん

11じ55ふん

2じ18ふん

4 ①

②

たしかめよう!

みじかい　はりで　なんじを　よみます。ながい　はりで　なんぷんを　よみます。みの　まわりに　ある　とけいを　よんで　みよう。

92ページ まとめのテスト①

1 ① 2じ35ふん　② 4じ55ふん
③ 10じ52ふん　④ 11じ25ふん
⑤ 1じ45ふん　⑥ 6じ43ぷん

2 ①

②

93ページ まとめのテスト②

1 7じ58ふん→7じ59ふん→8じ→8じ1ぷん

2 ①

②

3 ① 7:05　② 8:10
③ 6:15　④ 9:15

1ねんの まとめ

94ページ まとめのテスト①

1 ① 17　② 31

2 ① 6(にんめ)　② 7(ばんめ)

3 ① 7　② 7　③ 2　④ 6(こ)
⑤ 87　⑥ 38

4 ① 100－99－98－97－96－95－94－93
② 20－30－40－50－60－70－80－90

95ページ まとめのテスト②

1 ① 8　② 10　③ 9　④ 17
⑤ 11　⑥ 11　⑦ 11　⑧ 15

2 ① 3　② 6　③ 6　④ 12
⑤ 4　⑥ 9　⑦ 8　⑧ 8

3 ① 10, 4, 8, 2, 7, 5, 12, 7, 5, 3, 9, 6, 6

②

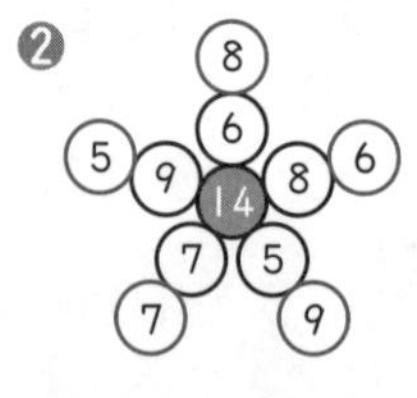

96ページ まとめのテスト③

1 ① 9 ② 16 ③ 5 ④ 5 ⑤ 1 ⑥ 8

2 ① 90 ② 100 ③ 50 ④ 70 ⑤ 36 ⑥ 90

3 ① 93－39　○ □　② 74－72　○ □　③ 89－91　□ ○　④ 70－69　○ □

4 ① 4じ　② 10じ25ふん
③ 11じはん(11じ30ぷん)　④ 6じ55ふん

3 2 1 0 9 8 7 6 5 4
＊ ＊ D C B A